高等学校通信类专业系列教材

通信原理实验指导书

主编　张云燕　廖瑞乾　刘忠成

西安电子科技大学出版社

内 容 简 介

本书是为"通信原理实验"课程编写的实验指导书，主要介绍基于软件无线电平台的通信原理实验内容和实验方法。全书内容共分三部分：第一部分是实验平台，由第 1～2 章组成，主要介绍软件无线电的基本概念，实验所用到的软硬件设备、构成原理及使用方法；第二部分是基础实验，由第 3～8 章组成，包括信源设计实验、数字基带实验、模拟调制解调实验、数字调制解调实验、模拟信号的数字传输及位同步实验；第三部分是提高实验，由第 9～13 章组成，主要讲解一些难度较大的综合性实验，包括 GMSK 调制解调实验、QAM 调制解调实验、差错控制编译码实验、OFDM 通信系统设计实验及 QPSK 数字通信系统综合实验。书后附录给出了重点章节的部分核心例程以供参考。

本书内容翔实、案例实用，可作为高等院校电子信息类专业通信实验教程，也可供相关技术人员参考。

图书在版编目（CIP）数据

通信原理实验指导书 / 张云燕，廖瑞乾，刘忠成主编. -- 西安 ：
西安电子科技大学出版社，2024. 6. -- ISBN 978-7-5606-7295-3

Ⅰ. TN911-33

中国国家版本馆 CIP 数据核字第 2024GZ5955 号

策　　　划	吴祯娥	
责任编辑	吴祯娥	
出版发行	西安电子科技大学出版社（西安市太白南路 2 号）	
电　　　话	(029) 88202421　88201467	邮　　编　710071
网　　　址	www.xduph.com	电子邮箱　xdupfxb001@163.com
经　　　销	新华书店	
印刷单位	陕西精工印务有限公司	
版　　　次	2024 年 6 月第 1 版　2024 年 6 月第 1 次印刷	
开　　　本	787 毫米×1092 毫米　1/16　印张 8	
字　　　数	186 千字	
定　　　价	41.00 元	

ISBN 978-7-5606-7295-3

XDUP 7596001-1

＊＊＊如有印装问题可调换＊＊＊

前　言

"通信原理实验"是高等院校电子信息类专业的重要专业基础实验课程，其内容覆盖了通信原理相关内容的基本框架。学好这门课对学生构建通信系统知识基础、提高科研能力具有深远的意义。软件无线电作为现代通信的先进方法，不仅适用于工业领域，也为通信系统的教学提供了便利的软硬件平台。在通信原理实验教学中，利用软件无线电平台可以快速构建各类不同规模的通信系统，灵活进行模块的搭建和剪裁，有利于实现一些不具备硬件条件的实验，方便将各类设计付诸实践。在这个平台上，实验者还可以根据自己的创意自由设计，完成算法的仿真与验证，实现信号的发送和接收，构建真实的通信系统。

本书是根据通信原理实验课程的要求，基于武汉易思达科技有限公司的 XSRP 软件无线电实验平台编写的实验指导书。全书在介绍软件无线电及通信原理知识的同时，注重突出与实验相结合的部分，选取重要内容进行详细分析，通过实验内容引导学生巩固所学知识，培养理论联系实际的能力，提高工程实践水平。

全书主要内容共包含 13 章，可分为三大部分，按照由浅入深、先基础后拓展的顺序进行编排，内容精练，层次分明，适合读者循序渐进地学习。

第一部分是实验平台，包含第 1～2 章，介绍软件无线电的概念，软硬件设备及使用方法，以及硬件平台与 MATLAB 软件通信的部分基础性内容，主要是让学生熟悉软件无线电的基本概念，了解实验所使用的软件无线电平台的基本构成和使用方法，从而更好地进行开发工作。

第二部分是基础实验，包含第 3～8 章，以通信原理实验中较为基础的模拟通信及数字通信教学内容为主，包含信源设计实验、数字基带实验、模拟调制解调实验、数字调制解调实验、模拟信号的数字传输、位同步实验等内容。学生通过对这些内容的学习，可以掌握基本的通信知识，并能学习利用软件无线电搭建简单的通信系统。

第三部分是提高实验，包含第 9～13 章，学生在前述学生的基础上，可进行一些难度较大的拓展性实验，包括 GMSK 调制解调实验、QAM 调制解调实验、差错控制编译码实验、OFDM 通信系统设计实验、QPSK 数字通信系统综合实验等。这部分内容对学生提出了更高的要求，实验设计更强调系统性，程序编写逻辑更为复杂。通过这部分内容的学习，学生将更多地了解现代数字通信的相关内容，并进行复杂通信系统的搭建，进一步拓展自主创新能力，提高工程实践水平，加深对工程应用的理解。

为方便使用本书，书中对每个实验的介绍统一分为4个部分：实验目的、实验原理、实验设备及实验内容。实验目的简单说明本实验要达到的目标及意义；实验原理详细给出了实验原理及相关知识；实验设备简单给出所用软硬件平台；实验内容则结合工程实验构建了实验案例和任务，并给出部分实验步骤，还附有思考题，促进学生深入理解所介绍的知识。

附录给出了部分章节的核心代码(其中例题序号表示章节号)，以帮助学生学习理解通信系统原理并完成仿真设计。

本书主要由张云燕、廖瑞乾统筹规划并编写，刘忠成编写了实验平台介绍并对全书进行审订。编者要特别感谢武汉易思达科技有限公司彭江经理为本书提供的诸多技术支持。感谢西安电子科技大学出版社的大力支持以及为本书出版提供的宝贵意见！

由于编者水平有限，书中难免存在不足之处，恳请广大读者批评指正，提出宝贵意见。

编 者

2023 年 11 月

目 录

第一部分

实验平台

第 1 章 软件无线电简介

通信领域经历了三次较大的革命，分别是从固定通信到移动通信的革命、从模拟通信到数字通信的革命，以及从硬件无线电到软件无线电的革命。软件无线电的需求最早是由军事通信需求演变而来的。随着电子通信技术的发展，通信技术在军事领域的作用越来越重要。20 世纪后期，军用无线电设备已经发展到无线通信阶段，但不同的需求对应着不同的无线设备，它们的收发单元有许多相似的部分，结构却都不相同，互相之间不能通用，也很难协同。在美军参与的几次局部战争(如入侵巴拿马、"沙漠风暴"等行动)中，军兵种间的联合越来越频繁，但通信越来越困难。海湾战争更是暴露出美军各军兵种在通信网络中互相脱节的系统性缺陷。传统的电台波段、模式单一，军兵种间不互通，严重影响了作战效能，已无法适合现代战争联合作战的需求。这就是传统的硬件无线电存在的弊端。

面对这样的情况，1992 年 5 月，MITRE 公司的 Joseph Mitola 博士第一次明确地提出软件无线电(software defined radio)的概念，就是建立一个通用的硬件平台，将无线通信中的各种功能用软件来完成，硬件平台则设计成标准化和可扩展的模式，平台的功能高度模块化，方便二次开发。这样就把大部分硬件工作变成软件编程，大大提高了系统的灵活性和开放性。这样的概念受到了全世界的广泛关注。

1.1 软件无线电的概念

Joseph Mitola 在 1992 年 IEEE 美国电信系统会议(National Telesystems Conference)上发表了关于软件无线电的论文——"Software radios: survey, critical evaluation and future directions"。在该论文中，他给出了软件无线电的定义：

A software radio is defined as a set of Digital Signal Processing (DSP) primitives, a metalevel system for combining the primitives into communication system functions (transmitter, channel model, receiver etc.) and a set of target processors on which the software radio is hosted for real-time communications.

他还指出，软件无线电是多频段无线电，它具有宽带的天线、射频前端、模/数和数/模变换，能够支持多个空中接口和协议，在理想状态下，所有方面(包括物理空中接口)都可以通过软件来定义。

软件无线电采用的主要思想是将宽频带的 A/D 和 D/A 转换器放置于离天线最近的位

置，从而可以较早地将接收到的模拟量转化为数字量，使得无线电台的功能尽可能地用软件来定义和实现；硬件平台标准化、通用化，同时又可扩展，打造统一灵活的构架；功能的设置与开发尽可能多地用软件完成，减轻对硬件的依赖程度。

一个标准的软件无线电结构包括宽带天线、前端接收（射频前端）、宽带 A/D 和 D/A 转换器、通用数字信号处理 DSP、FPGA 器等几部分，如图 1-1 所示。

图 1-1　软件无线电的基本结构

软件无线电的射频部分在发射时完成上变频、滤波、功率放大等任务，接收时完成低通滤波、下变频等过程，将天线接收到的信号经过多级数字信号处理后变为适合后级 DSP 或 FPGA 等处理的中频信号。高速 A/D 和 D/A 进行中频信号模/数和数/模的转换过程。

按照 A/D 与 D/A 变换器是位于射频还是中频以及采样方式，可以将软件无线电分为三种结构形式：射频低通采样软件无线电结构、射频带通采样软件无线电结构和中频带通采样软件无线电结构。

射频低通采样软件无线电结构最为简单，模拟电路的数量减少到了最低程度，对射频信号直接采样，符合软件无线电概念的定义。但是前端超宽的接收模式对动态范围有很高的要求，这种结构一般适合用于工作带宽较窄的场合。

射频带通采样软件无线电结构前端接收通带不是全宽带的，而是先由窄带电调滤波器进行滤波，选择合适的信号进行放大，再进行带通采样，采样后的数据由 DSP 或 FPGA 处理。采用窄带电调滤波器进行滤波有助于提高接收通道信噪比，改善动态范围，并且对 A/D 采样的速率要求不高，降低了后续处理速度要求，但这种结构需要多个采样频率，增加了系统的复杂性。

中频带通采样软件无线电结构是指需要进行射频信号与中频信号间转换的这一部分仍采用模拟电路实现，在中频进行带通采样完成数字化，调制与解调、信道编译码等功能由 DSP、FPGA 等实现。这种结构将射频信号变换为中频信号后直接采用带通采样数字化，减少了模拟环节，有利于提高收发信机的灵活性。中频带宽为宽带结构，使前端电路设计简化，信号经过接收通道处理后的失真小，具有更好的波形适应性和带宽适应性。

1.2 软件无线电的特点

软件无线电与常规的无线电系统有很大不同。传统模拟无线电系统的射频、滤波等部分都采用模拟方法，而且不同频带和调制方式对应的硬件结构也不同。数字无线电在低频部分使用数字电路，在射频和中频部分使用模拟电路。软件无线电的 A/D 和 D/A 转换从 RF 端开始对整个系统频带进行采样，低噪声放大和功率放大以模拟模式进行，IF、基带调制解调、信道均衡等都通过编程实现，用 DSP 或 FPGA 等可编程器件代替专用的数字电路，这样就把硬件结构与系统的功能分隔开来，从而在硬件结构上实现通用性，而在功能上通过软件编程实现灵活性，工作频率、调制模式等都可通过编程控制。

楼才义、徐建良等人则把软件无线电的特点概括为天线智能化、前端宽开化、中频宽带化、硬件通用化、功能软件化、软件构件化、动态可重构等几部分，突出了对系统宽频带、硬件平台通用性、软件模块化及系统灵活性的要求。总之，软件无线电可以在多频段、多标准、多业务和多通道情况下工作。

软件无线电涉及以下几个方面的关键技术：

1. 宽带/频带天线

软件无线电覆盖的频带很宽，从几十 kHz 到几 GHz，当前水平还不能实现开发全频带天线，但可以采用组合的多频带天线覆盖，也可以通过内嵌编程来对天线所接收的信号进行优化组合，以达到提高通信性能的目的。

2. 高速 A/D 和 D/A

现在的 A/D 和 D/A 仍然不能满足高速采样以及采样位精度的要求。系统为了获得更好的性能，就需要采用有较大带宽、很高的处理速度、较大的动态范围和很好的通用性的器件。

3. 多速率信号处理

随着采样速率的提高，采样后数据流速率也会很高，导致后续信号处理速度跟不上。有些算法计算量很大，有必要对 A/D 后的数据流进行降速处理，即对窄带信号的采样数据流进行二次采样，这对多速率处理技术提出了要求，也是上下变频器应用开发的基础。同样，上下变频也是软件无线电中关键的一环。也可采用高速并行 DSP 或多处理器模块等专用集成电路来完成基带处理、信源编码等任务。

1.3 软件无线电的发展历程

Joseph Mitola 提出了软件无线电的概念以后，受到世界各国的关注。很快，美国军方就推动了 SPEAKeasy(易通话)计划，目的是解决"沙漠风暴"行动中出现的各军兵种之间无法互通互联的问题。第一阶段，美军与 Hazeltine、Lockheed-Martin、Motorola 和 Rockwell Collins 等公司签订了合同，验证软件无线电系统的可行性。软件无线电的工作频段被划分成三个范围：2～30 MHz，30～400 MHz，400～2000 MHz。第一阶段主要实现了30～400 MHz 这一频段的工作，并实现了利用几种不同协议的无线电系统进行连接，也可以在两个 SPEAKeasy 单元上改变标准波形(说明软件无线电可以实现互操作)，还能通过编程适应不同需求。第二阶段，美军又与 Motorola、ITT 等公司签订了研究合同，研发原理样机，规范软件无线电体系结构，使其满足可重构、可扩展、轻量化的要求。第二阶段的工作也顺利完成，证明了两个不同系统之间可以成功进行通信，还可以利用编程实现不同的波形。

SPEAKeasy 计划大获成功，美军立即开展了下一阶段的研究，把前期积累的技术和经验教训都转到 JTRS(联合战术无线电系统)项目的开发工作中。这个项目拓展了软件无线电的工作频率，进一步增强了软件编程能力，能够支持语音、视频等多媒体信息的传输，互操作能力进一步增强。为了促进 JTRS 项目的进一步开展，20 世纪 90 年代末，JTRS 联合计划办公室领导了 SCA 规范的制定工作，把计算机领域内的软硬件开发技术应用于 JTRS 系统开发，确保软、硬件的可移植性和可配置性，以及产品的互通性。至今，SCA 规范已形成多个版本，在全世界的软件无线电系统开发中发挥了重要作用。

经过多年的发展，软件无线电的应用已拓展到各类军事领域，如四代战机的综合航电系统、舰载综合电子系统等；在民用方面的应用也越来越广泛，比如，通信基站所使用的窄带超外差接收机是一种模数混合结构的接收机，每个接收机中都有一套从射频变换到基带信号的设备，如果要增加一路载波，就要添加一套重复设备。在 GSM 移动通信系统的设计中，采用软件无线电方案，前端一次中频变换部分与原来的接收机一样，接着直接在中频对信号进行 A/D 转换，然后把数字信号送入可编程下变频器中完成选频和滤波。这样的结构采用了可编程的中频处理器件，基站应用更加灵活，通过软件编程就可以使其适应不同的通信系统，多个载波还可以通过数字电路共享前端电路，从而减小基站的体积和功耗。

第2章 XSRP 软件无线电

2.1 XSRP 软件无线电平台的构成

XSRP 软件无线电平台是一款采用软件无线电架构的实验平台，它将电脑、软件无线电平台、示波器等有机结合，提供了一个功能强大的信号处理系统，用户可以基于直观的图形化编程方式，结合该平台的硬件验证通信原理、移动通信等方面的专业知识，并进一步实现部分或完整的通信系统的关键算法及产品开发。XSRP 软件无线电平台如图 2-1 所示。

图 2-1　XSRP 软件无线电平台

XSRP 软件无线电平台采用了最新的软件无线电架构，可与 MATLAB、LabView 等开发软件实现无缝连接，实现从建模、算法仿真、代码优化到最终硬件实现的各个环节。XSRP 平台主要由数字基带、宽带射频、软件系统三个单元构成，其架构如图 2-2 所示。

1. 数字基带部分

XSRP 软件无线电平台的数字基带部分包括 FPGA 单元、DSP 单元、ARM 单元、独立 ADC 单元、独立 DAC 单元、时钟单元、扩展接口单元等组成部分。各单元的主要组成、技术参数和功能如下：

(1) FPGA 单元：采用 Intel/Altera 公司的 Cyclone Ⅳ GX 系列 EP4CGX75，包括 73920 个 LE，4620 个 LAB，数据速率为 3.125 Gb/s，最大工作频率为 200 MHz。FPGA 是整个数字基带部分的核心，主要实现数据转发、算法实现、上下位机通信等功能。

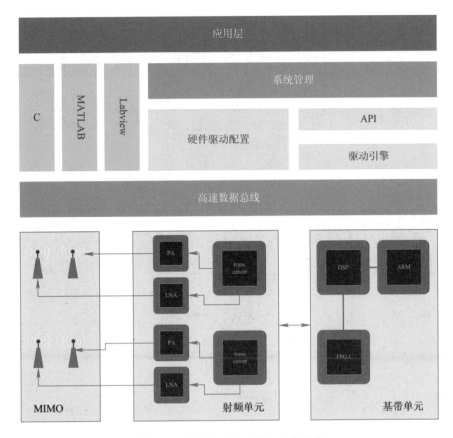

图 2-2　XSRP 软件无线电平台架构

（2）DSP 单元：采用 TI 公司的 TMS320VC5416，具有三个独立的 16 位数据存储总线和一个程序存储总线，40 位算术逻辑单元（ALU），17×17 位并行乘法器，128 KB×16 位片上 RAM，16 KB×16 位片上 ROM，8 MB×16 位最大可寻址外部程序空间。DSP 主要完成数字信号处理、移动通信协议栈算法以及复杂的信号处理算法。DSP 的外围分别连接到 ARM 和 FPGA。

（3）ARM 单元：采用 NXP 公司的 LPC2138，包括 32 KB RAM、512 KB Flash、2 个 8 位 ADC、1 个 10 位 DAC。ARM 主要实现与集成开发软件通信，通过集成开发软件对射频参数进行配置。

（4）独立 ADC 单元：采用 ADI 公司的 ADC 器件，双通道，10 位，20 MS/s，主要作扩展使用，可以外接信号输入。

（5）独立 DAC 单元：采用 ADI 公司的 DAC 器件，双通道，10 位，40 MS/s，主要实现数/模转换，数据来自 FPGA，转换后可以输出到示波器上。

（6）时钟单元：为各模块提供工作时钟，默认 26 MHz。

（7）扩展接口单元：包括 FPGA/DSP 下载接口、通用型输入输出（general-purpose input/output，GPIO）接口、光接口、网口、射频接口、内部参考时钟输出接口、内部同步信号输出接口、外部参考时钟输入接口、外部同步信号输入接口、DAC 通道输出接口、ADC 通道输入接口。

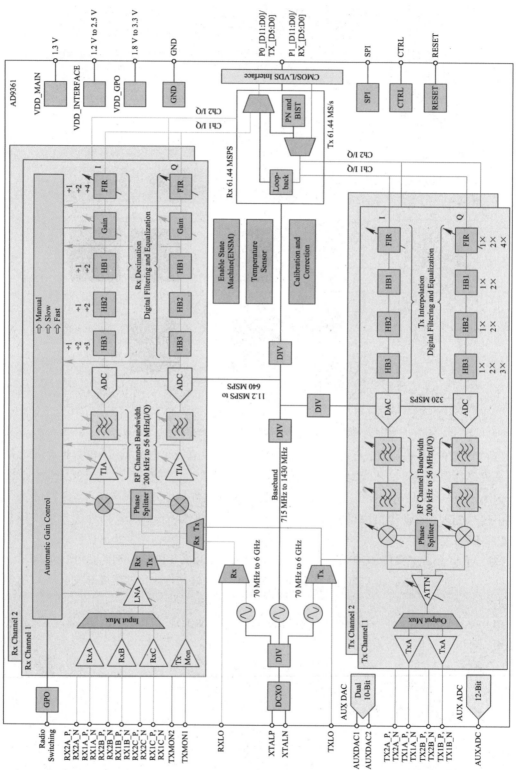

图 2-3　AD9361 内部结构

2. 宽带射频部分

XSRP 软件无线电平台的宽带射频部分采用 Analog Devices 公司的 AD9361，支持 2 发 2 收，实现了一个 2×2 MIMO(multi input multi output，多输入多输出)，AD9361 内部结构如图 2-3 所示。

宽带射频单元由 AD/DA＋transceiver＋PA 组成，其可覆盖 70 MHz～6 GHz 范围频段，支持最大 56 MHz 信号带宽。射频收发系统支持 2 路收发通道，可搭建 2×2 MIMO 系统，开展各种 MIMO 技术研究。所采用的 AD9361 是一款面向 3G 和 4G 基站应用的高性能、高集成度的射频捷变收发器(RF agile transceiver)。该器件集射频前端与灵活的混合信号基带部分为一体，集成频率合成器，为处理器提供可配置数字接口，支持频分双工(FDD)和时分双工(TDD)模式。

AD9361 工作频率范围为 70 MHz 至 6.0 GHz，支持的通道带宽范围为 200 kHz 至 56 MHz，两个独立的直接变频接收器具有良好的噪声系数和线性度。每个接收子系统都拥有独立的自动增益控制(automatic gain control，AGC)、直流失调校正、正交校正和数字滤波功能，从而消除了在数字基带中提供这些功能的必要性。AD9361 还拥有灵活的手动增益模式，支持外部控制。

AD9361 每个接收通道搭载两个高动态范围模数转换器 ADC，先将收到的 I 路信号和 Q 路信号进行数字化处理，然后将其传给可配置抽取滤波器和 128 抽头有限脉冲响应(finite impulse response，FIR)滤波器，最后以相应的采样率生成 12 位输出信号。

AD9361 的发射器采用直接变频架构，可实现较高的调制精度和超低的噪声。发射器含有两个相同的、独立控制的通道，提供了所有必要的数字处理、混合信号和射频(radio frequency，RF)模块，可以实现一个直接变频系统。

3. 软件系统部分

软件系统单元是 XSRP 平台的核心，它由系统管理模块、硬件驱动模块、应用程序接口库、核心算法包、实验例程库等组成。系统管理模块主要负责软硬件资源的调度，硬件驱动模块主要负责管理各种硬件单元，应用程序接口库主要负责与 MATLAB、LabView 等第三方平台实现无缝连接，核心算法包和实验例程库提供了丰富的实验资源。

XSRP 软件无线电平台采用图形化的人机交互方式，通过界面进行实验参数配置，如图 2-4 所示。它将复杂的通信信号处理过程以图形的方式呈现，用户可自由选择任意一个节点的波形文件，也可同时选择多个节点的波形文件进行对比，从而更好地理解通信信号处理的复杂过程。该平台还采用了所见即所得的数据处理技术，用户不仅可在 PC 端观测各种波形文件，还可通过硬件接口实时在示波器、频谱仪等测试仪器上观测各种波形和测量结果。

XSRP 软件无线电平台还提供了丰富的分析测试工具，为清晰展现实验过程和结果提供了有力保障。这些工具包括算法仿真和测试环境、协议分析和打印工具、信令采集和分析工具等，它们可以全方位立体式地展现通信系统的工作原理和结果，如图 2-5 所示是软件对信号处理过程分析及仿真结果的展示。

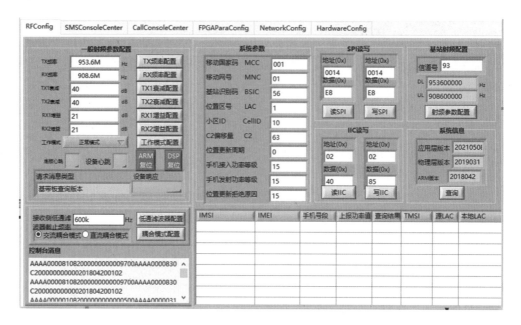

图 2-4　实验参数配置页面

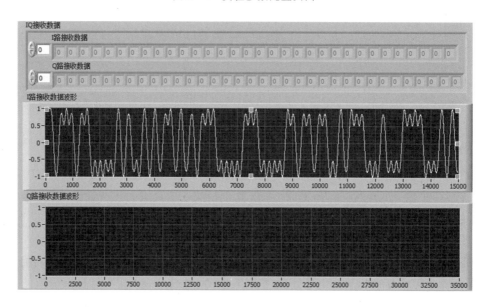

图 2-5　数据分析页面

2.2　XSRP 软件无线电平台的使用方法

2.2.1　硬件连接

硬件扩展接口位于 XSRP 软件无线电平台的前、后面板上,如图 2-6 所示,功能如表

2-1、表2-2所示。

(a) 前面板

(b) 后面板

图 2-6　XSRP 软件无线电平台硬件面板

表 2-1　前面板扩展接口及功能

序号	标识	功能说明	备注
1	POWER	电源开关	
2	PWR	电源指示灯	
3	RUN	设备运行指示灯	
4	LED1	运行状态指示灯	不同实验代表不同含义
5	LED2	运行状态指示灯	不同实验代表不同含义
6	LED3	运行状态指示灯	不同实验代表不同含义
7	LED4	运行状态指示灯	不同实验代表不同含义
8	ETH	千兆以太网接口	与计算机通信的接口
9	GPIO	FPGA GPIO 扩展接口	
10	OPT	高速光模块接口	
11	TX1	射频通道 1 发射接口	
12	RX1	射频通道 1 接收接口	
13	RX2	射频通道 2 接收接口	
14	TX2	射频通道 2 发射接口	

表 2 - 2 后面板扩展接口及功能

序号	标识	功能 说 明	备 注
1	FPGA_JTAG	FPGA JTAG 下载接口	
2	FPGA_AS	FPGA AS 下载接口	
3	GPIO2	FPGA GPIO 扩展接口	
4	CPLD_JTAG	CPLD JTAG 下载接口	
5	DSP_JTAG	DSP JTAG 下载接口	
6	ARM_JTAG	ARM JTAG 下载接口	
7	REF_OUT	内部参考时钟输出接口	
8	TRI_OUT	内部同步信号输出接口	
9	REF_IN	外部参考时钟输入接口	
10	TRI_IN	外部同步信号输入接口	
11	USB	USB 接口	与计算机通信的接口
12	CH1_OUT	DAC 的通道 1 输出接口	接示波器 CH1 通道
13	CH2_OUT	DAC 的通道 2 输出接口	接示波器 CH2 通道
14	CH1_IN	ADC 的通道 1 输入接口	
15	CH1_IN	ADC 的通道 2 输入接口	
16	EXT	触发信号输出接口	接示波器外触发输入通道
17	AC220V	220 V 市电输入接口	

2.2.2 软件使用方法

1. 开机过程

（1）打开 XSRP 软件无线电平台的电源开关 POWER，电源指示灯亮，且信号指示灯交替闪烁，表明设备工作正常。

（2）双击打开 XSRP 软件无线电平台的集成开发软件，启动后会提示硬件加载的过程，如果都显示"successful"，如图 2 - 7 所示，则表明设备通信正常。

（3）软件启动后，观察右上角，若"ARM 状态"和"FPGA 状态"都亮，则表明硬件和软件都正常，若只有一个指示灯亮或者两个都不亮，则表明设备工作不正常，需要排除问题后再做实验。

2. 软件操作

双击打开 XSRP 系统软件，程序运行后出现 XSRP 系统软件的主界面，如图 2 - 8 所示。

软件主界面分为 3 个区域，其中：

（1）区域 1：实验目录浏览与选择区域，实验目录为树形结构，根据实验所属类型进行分类，点击⊞进入下一层级，若没有下一层级，则为对应的具体实验。对实验目录对应的实验进行双击，进入实验。

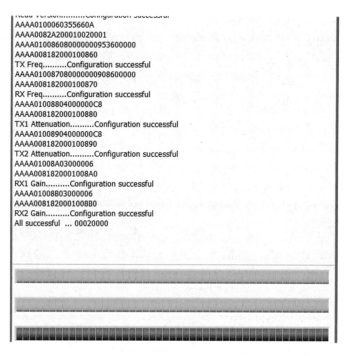

图 2-7　硬件加载过程

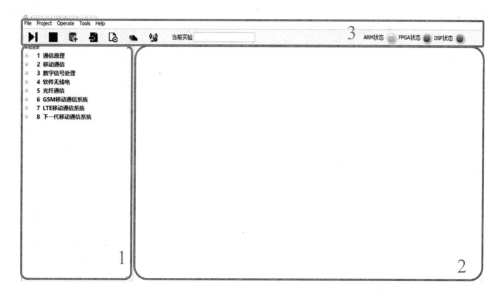

图 2-8　软件无线电主界面

（2）区域 2：实验显示区，可以显示各种框图和代码，还可以进行实验的某些步骤。

（3）区域 3：工具栏，如图 2-9 所示。

图 2-9　软件无线电主界面工具栏

- 启动实验▶️，结束实验⏹️。
- 双击实验目录下的任意实验，该实验便会自动加载运行，这时启动实验按钮处于运行状态⏩️。
- 处于运行状态的实验，要停止实验执行有两种方法：① 点击实验显示区的"结束仿真"按钮 结束仿真；② 点击工具栏的"停止"按钮⏹️。
- 当前实验处于结束运行状态，想要再次启动运行，需点击启动"运行"按钮▶️。
- 要从当前实验切换到另外一个实验，双击实验目录下所对应的实验，该实验便会自动运行加载。
- 用户修改了当前实验的 .m 文件后，可能会出现错误，比如语法错误、算法错误、输入/输出接口错误等，都会导致当前实验无法正常运行。若用户同时又忘记初始 .m 文件，无法修改还原，这时可以点击"备份恢复"按钮💾，则会将当前实验恢复为出厂前。
- 在操作当前实验时，用户可能自己写了 .m 文件存放于非当前实验目录下，点击"导入文件"按钮📥，所选文件便会导入到 .m 文件文本编辑框，如图 2-10 所示。

图 2-10　导入文件

- 对当前文本编辑框 .m 文件，点击"导出文件"按钮📤，弹出文件对话框，选择保存路径，并输入文件名。
- 所作实验需要硬件支持的，需要启动硬件系统，点击按钮📟，软件会弹出启动 ARM 并配置射频显示框和连接启动 FPGA 和 DSP 对话显示框。
- 点击图标，进入各类配置界面。

2.3　MATLAB 与 XSRP 的交互

2.3.1　MATLAB 简介

XSRP 软件无线电平台主要采用 MATLAB 软件进行程序开发。MATLAB 是美国 MathWorks 公司出品的商业数学软件，被广泛应用于数值计算、图形处理、符号运算、数学建模、系统辨识、小波分析、实时控制、动态仿真等领域。

MATLAB 和 Mathematica、Maple 并称为三大数学软件。在数学类科技应用软件中，MATLAB 在数值计算方面首屈一指，可以进行矩阵运算、绘制函数和数据、实现算法、创建用户界面、连接其他编程语言的程序等。

MATLAB 的优势如下：

① 高效的数值及符号计算功能，能使用户从繁杂的数学运算分析中解脱出来；

② 具有完备的图形处理功能，可实现计算结果和编程的可视化；

③ 用户界面友好、接近数学表达式的自然化语言，使学者易于学习和掌握；

④ 功能丰富的应用工具箱，为用户提供了大量方便使用的处理工具。

2.3.2　XSRP 网络数据收发接口定义

XSRP 使用 UDP 协议与上位机通信。UDP 包分为 IQ 数据包和控制命令。FGPA 向 PC 发定义为上行，PC 向 FPGA 发定义为下行。UDP 协议帧结构如表 2-3 所示。

表 2-3　UDP 协议帧结构

MAC 头	IP 头	UDP 头	负载

上行只有 IQ 数据包，而下行既有 IQ 数据包也有控制命令。

命令有专门的头标志 0x00 0x00 0x99 0xbb，而 IQ 数据没有头标志。

控制命令的结构如下：

```
struct msg_struct
{
  Uint32 head;    //头部标识 0x00 00 99 bb
  Uint8 type;      //命令类型
  Uint8 data[19];  //参数值
};
```

1. 时钟和上行帧同步选择

type＝0x69

data[2]的 bit[0]：上行同步选择，为 0 时选择本地同步信号，为 1 时选择外部同步信号。

data[6]的 bit[0]：工作时钟选择，为 0 时选择本地时钟，为 1 时选择外部时钟。如果不配置，系统默认的是本时同步信号和本地时钟。

2. 路由选择

type＝0x68

data[2]的 bit[3:0]：D/A 转换器的数据路由选择。

data[4]的 bit[3:0]：射频发射通道 1 的数据路由选择。

data[6]的 bit[3:0]：射频发射通道 2 的数据路由选择。

data[8]的 bit[3:0]：网口采集信号的数据路由选择。

data[11]的 bit[3:0]：系统模拟器接收信号的数据路由选择。

控制数据的路由关系每一个输出信号，都可以选择不同的输入信号。一种是帧结构信号由 FPGA 自己提供，并由网口输出、输入数据到射频的发送和接收。另一种是由系统模拟器提供帧结构信号，并提供收发数据。

接收信号的有 D/A 转换器，射频发射通道 1，射频发射通道 2，网口采集信号以及系统模拟器接收信号。可供选择的信号有：射频接收通道 1，射频接收通道 2，测试正弦波，测试锯齿波 1，测试锯齿波 2，系统模拟器输出信号，网口发送信号以及全 0 信号，取值范围 0～7，各值表示的信号如表 2-4 所示。

表 2-4 路由接收信号标识及内容

标识	内　　容
0	射频接收通道 1
1	射频接收通道 2
2	测试正弦波
3	测试锯齿波 1
4	测试锯齿波 2
5	系统模拟器输出信号
6	网口发送信号
7	全 0 信号

3. 上下行延时和系统选择

type＝0x67

因为射频发射和接收对信号都有延时，所以接收端收到信号与发射端都有一定的延后，为了将发送的数据能在接收端采集到，并且比较准确，所以增加此参数。延时的单位为采样点数，取值范围为 0～1023。

data[1]的 bit[1:0]和 Data[2]的 bit[7:0]，组成 10 比特：表示上下行时间延时。

data[6]的 bit[0]：系统控制。为 1 时，系统选择 GSM 系统，时隙同步由 SS 系统模拟器提供，网口采集的数据由 SS_RX 通道通过速率变换后为固定的 2X 信号，长度为 310 个采样点。为 0 时，为通用系统，采样速率和采集 UDP 包数由相关参数配置。

4. ETH 的发射时隙结构控制

Type＝0x65

data[0]的 bit[3:0]：时隙结构，定义一帧中的时隙个数 n，取值范围 2～15。

data[1]的 bit[6:0]和 Data[2]的 bit[7:0]，组成 15 比特：时隙开关，定义哪些时隙发数据，哪些时隙不发数据(空)，比特为 1 表示开，比特为 0 表示关，发全 0 数据。

data[3]的 bit[1:0]和 Data[4]的 bit[7:0]，组成 10 比特：定义数据的发送速率分频值 N，以 30.72 MHz 为基础，可进行分频，详见后面说明。取值 0～1023。

data[5]的 bit[6:0]和 Data[6]的 bit[7:0]，组成 15 比特：定义一个时隙中的数据个数，取值范围 100～30720。

2.3.3　MATLAB 与 XSRP 通信例程

MATLAB 与 XSRP 通信，需要数据源产生、控制参数配置、创建 UDP 连接并打开、向网口发送控制参数、向网口发送数据命令、数据源处理后写入网口、向网口发送采集控制参数、读网口数据并处理等功能模块，并且都是按顺序串行执行。

1. 数据源产生

```
A＝100；%幅度
DataLength＝300；
TxdataI＝rand(1,DataLength) * A；
TxdataQ＝rand(1,DataLength) * A；
```

2. 控制参数配置

```
syncChoice＝0；
clcChoice＝0；
daOut＝0；
rf1Tx＝0；
rf2Tx＝0；
eth＝6；
sysAnalogRx＝0；
delay＝3；
system＝0；
solt＝2；
soltSwitch＝2；
freqDiv＝0
dataNum＝300；
soltNo＝1；
freqDiv＝0；
packNum＝1；
packSize＝300；
contSoltSwitch＝0；
contSwitch＝0；
```

3. 创建 UDP 连接并打开

```
udp_obj＝udp('192.168.1.166',13345,'LocalHost','192.168.1.180',...
```

'LocalPort', 12345, 'TimeOut', 100, 'OutputBufferSize', 61440, 'Inp utBufferSize', 61440);

fopen(udp_obj);

4. 向网口发送控制参数

syncClock = SyncClock(syncChoice, clcChoice);

fwrite(udp_obj, syncClock, 'uint8');

router = RouterParam(daOut, rf1Tx, rf2Tx, eth, sysAnalogRx);

fwrite(udp_obj, router, 'uint8');

delaySystem = DelaySystem(delay, system);

fwrite(udp_obj, delaySystem, 'uint8');

[txCommand] = TxCommand(solt, soltSwitch, freqDiv, dataNum)

fwrite(udp_obj, txCommand, 'uint8');

5. 向网口发送数据命令

test_Send_IQ = uint8(hex2dec({'00', '00', '99', 'bb', '64', '00', '00', '00', '00', ⋯

'00', '00', '00', '00', '00', '00', '00',　'00', '00', '00', '00'}));

fwrite(udp_obj, test_Send_IQ, 'uint8');

6. 数据源处理后写入网口

dataIQ = dataIQ = TxDataDeal(TxdataI, TxdataQ);

for pn = 1:fix(DataLength * 2/SEND_PACKET_LENGTH)

　　fwrite(udp_obj, dataIQ(1, ((pn−1) * SEND_PACKET_LENGTH+1) : ...

　　(pn * SEND_ PACKET_ LENGTH)),　'uint16');

end

fwrite(udp_obj, dataIQ(1, (pn * SEND_PACKET_LENGTH+1):(q * 2)), 'uint16');

7. 向网口发送采集控制参数

fwrite(udp_obj, getIQ, 'uint8');

8. 读网口数据并处理

recvInd = 1;

while recvInd == 1

　　[udp_data, count] = fread(udp_obj, RECV_PACKET_LENGTH);

　　for(pj=1:count)

　　　　udp_data_rr0(data_byte_c+pj) = udp_data(pj);

　　end

　　data_byte_c = data_byte_c+ count;

　　if(data_byte_c>=data_byte_numb)

　　　　[rxdataI, rxdataQ] = RxDataDeal(udp_data_rr0, freqDiv, dataByteNumb)

　　　　recvInd = 0;

　　end

end

第二部分

基础实验

第 3 章　信源设计实验

信源顾名思义就是信息的来源，它的作用是产生通信系统将要传送的信息。信源传送的信息可以是语音，也可以是图像或视频，它们通过信源转换成电信号。信源可分为模拟信源与数字信源两类。

3.1　模拟信源设计

一、实验目的

（1）掌握常见模拟信号源的特性。

（2）掌握常见模拟信号源的原理及产生方法。

（3）掌握模拟信号模块的程序编写方法。

（4）掌握 XSRP 软件无线电平台的使用方法，以及利用示波器实测实验平台产生的信号波形的方法。

二、实验原理

模拟信号是指幅度随时间连续变化的信号。产生这种信号的信源称为模拟信源。模拟信源可以经过载波调制后在通信信道上直接发送。如图 3-1(a) 所示，电话机发送的语音信号，其电压瞬时值是随时间连续变化的。

模拟信号可以通过专门的电路模块产生。在软件无线电里，可通过 MATLAB 来编写程序，产生数据及配置控制参数，通过千兆网口，按照电脑和 FPGA 之间规定的协议，将电脑产生的数据及控制参数下载到 FPGA。FPGA 将数据输出到 XSRP 软件无线电平台的模/数转换器（ADC）中，ADC 通过 BNC 连接线分别与示波器的各输出通道相连，则示波器将会呈现真实的波形。

通过编写程序实现各类模拟信源时，实际上是利用算法生成不同时间点处的函数值，再把这些值连接形成了波形曲线。因此，使用程序生成模拟信号，其实是利用抽样信号来逼近模拟信号。抽样点越密集，模拟信号还原度越高。抽样信号在时域上不连续，但幅值是连续的，它是离散时间信号。如图 3-1(b) 所示的抽样信号，时间不连续，某一取值范围内可以取无穷多个值，载荷的消息的参量连续变化。

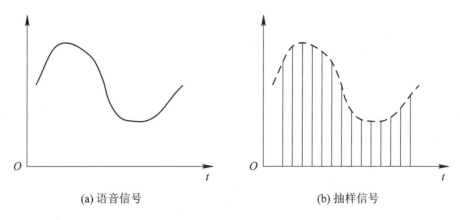

|(a) 语音信号|(b) 抽样信号|

图 3-1　模拟信号

三、实验设备

1. 硬件平台

（1）XSRP 软件无线电平台一台。

（2）电脑一台。

（3）数字示波器一台。

2. 软件平台

（1）XSRP 软件无线电平台集成开发软件。

（2）MATLAB 软件。

四、实验内容

（1）生成正弦波、三角波、方波的仿真波形和示波器实测波形（时域和频域）。

① 生成正弦波的软件仿真波形和示波器实测波形。

・将数据源选择配置为正弦波，幅度配置为 1024，频率配置为 10 Hz，DA 输出配置为不输出，当前模式配置为"原理讲演模式"，如图 3-2 所示。点击"开始运行"按钮，观察所得仿真波形，记录结果。

图 3-2　实验参数配置

・将横坐标时间范围改成 0～0.5，纵坐标幅度范围不变，点击"开始运行"按钮，观察仿真波形，记录结果。

说明：仿真波形显示框的横坐标和纵坐标都可以修改其数值（在波形显示框点击右键，不勾选"自动调整 X 标尺"和"自动调整 Y 标尺"，如图 3-3 所示，然后更改横坐标和纵坐标的最大值），让波形显示更精细。

图 3 - 3　修改正弦波波形显示框

· 在 DA 输出处选择输出到 CH1，如图 3 - 4 所示，在示波器的 CH1 通道可观察到对应的波形，并利用示波器观察信号频谱，记录结果。

图 3 - 4　配置示波器输出通道

· 改变数据源频率，观察波形发生的变化。

② 生成并记录三角波的软件仿真波形和示波器实测波形，步骤如①中所示。

③ 生成并记录方波的软件仿真波形和示波器实测波形，步骤如①中所示。

（2）生成两个模拟信源并叠加，记录仿真波形和实测波形。

① 生成数字幅度为 1000、频率为 10 kHz 的正弦信号 1。

② 生成数字幅度为 1000、频率为 20 kHz 的正弦信号 2。

③ 将信号 1 和信号 2 相加得到信号 3，记录信号 1、2、3 仿真波形和示波器实测波形、频谱。

思考题

改变系统采样频率，观察本实验模拟信源，归纳总结其中的变化规律。

3.2 　数字信源设计

一、实验目的

（1）掌握 m 序列的原理及产生方法。

（2）掌握 m 序列的性质。

（3）掌握通过 MATLAB 编程产生伪随机序列的方法。

二、实验原理

伪随机噪声（pseudo noise，PN）码指的是一系列由 0 和 1 组成的二进制序列，这个序列的值类似于白噪声，每个数位上是 0 还是 1 是近似随机的，并且具有自相关特性。它也称为伪随机序列。

PN 序列有一些优点：它是确知序列；它可以通过反馈移位寄存器电路轻松获得；当时延为零时，周期性伪随机序列的自相关函数值等于峰值，当时延不为零时，周期性伪随机序列的自相关函数接近于零，因此，可以用于实现远端同步（包括字同步）、检测系统的冲激响应等。

m 序列是一种 PN 序列，它是最长线性反馈移位寄存器序列的简称，由 m 级线性反馈移位寄存器生成，具有 $L=2^m-1$ 比特周期长度。图 3-5 所示为产生 m 序列的线性反馈移位寄存器的结构原理图。图中，移位寄存器的内容每向右移位一次，由各级寄存器的内容通过"异或"运算产生第一级的输入信号，反馈系数 c_i 的取值决定了反馈连接和序列的结构。线性反馈移位寄存器的连接结构如式（3-1）：

$$f(x)=c_0+c_1x+\cdots+c_mx^m=\sum_{i=0}^m c_ix^i \tag{3-1}$$

若 $c_i=0$，则反馈断开；若 $c_i=1$，则表示参与反馈。第 i 级移位寄存器的状态取决于前一时钟脉冲后的第 $i-1$ 级移位寄存器的状态。

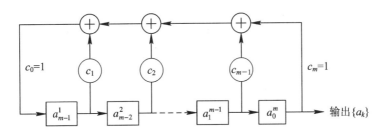

图 3-5　产生 m 序列的线性反馈移位寄存器的结构

若线性反馈移位寄存器的初始状态为 $(a_0\ a_1\cdots a_{m-2}\ a_{m-1})$，则经一次移位线性反馈，移位寄存器左端第一级的输入为

$$a_m=c_1a_{m-1}\oplus c_2a_{m-2}\oplus\cdots\oplus c_{m-1}a_1\oplus c_ma_0=\sum_{i=1}^m c_ia_{m-i} \tag{3-2}$$

经 k 次移位，第一级的输入为

$$a_k=\sum_{i=1}^m c_ia_{k-i} \tag{3-3}$$

m 序列的反馈系数如表 3-1 所示。

表 3-1 部分 m 序列的反馈系数

级数 m	周期 P	反馈系数 c_i(采用八进制)
3	7	13
4	15	23
5	31	45,67,75
6	63	103,147,155
7	127	203,211,217,235,277,313,325,345,367
8	255	435,453,537,543,545,551,703,747
9	511	1021,1055,1131,1157,1167,1175
10	1023	2011,2033,2157,2443,2745,3471
11	2047	4005,4445,5023,5263,6211,7363
12	4095	10 123,11 417,12 515,13 505,14 127,15 053
13	8191	20 033,23 261,24 633,30 741,32 535,37 505
14	16 383	42 103,51 761,55 753,60 153,71 147,67 401
15	32 765	100 003,110 013,120 265,133 663,142 305

三、实验设备

1. 硬件平台

(1) XSRP 软件无线电平台一台。

(2) 电脑一台。

(3) 数字示波器一台。

2. 软件平台

(1) XSRP 软件无线电平台集成开发软件。

(2) MATLAB 软件。

四、实验内容

(1) 记录不同寄存器初值数据类型仿真波形和示波器实测波形(时域和频域)。

① 将寄存器初值数据类型配置为 10 交替数据,m 序列级数配置为 4,码元速率配置为 153 600 Hz,如图 3-6 所示,记录软件仿真波形和示波器实测波形。

图 3-6 实验参数配置

② 示波器 CH1 输出寄存器初值对应的波形,CH2 输出 m 序列对应的波形,记录示波

器的实测波形以及两个通道波形的频谱。

③ 将寄存器初值数据类型配置为自定义数据，m 序列级数配置为 4，码元速率配置为 153 600，重复上述步骤。

（2）记录不同 m 序列级数软件仿真波形和示波器实测波形（时域和频域）。

① 将 m 序列级数配置为 4，寄存器初值数据类型配置为 10 交替数据，码元速率配置为 153 600，重复 1(1) 中步骤。

② 将 m 序列级数配置为 5，寄存器初值数据类型配置为 10 交替数据，码元速率配置为 153 600，重复 1(1) 中步骤。

（3）记录不同分频值软件仿真波形和示波器实测波形（时域和频域）。

① 将码元速率配置为 153 600，寄存器初值数据类型为 10 交替数据，m 序列级数配置为 4，重复 1(1) 中步骤。

② 将码元速率配置为 153 600，寄存器初值数据类型为 10 交替数据，m 序列级数配置为 4，重复 1(1) 中步骤。

（4）寄存器初值为 [101]，反馈系数 $c_i = 13$，画出 m 序列发生的反馈移位寄存器结构原理图并根据原理框图算出输出的 m 序列，记录软件仿真波形和示波器实测波形、频谱，与理论计算结果进行对比。

思考题

回答模拟信源与数字信源各自的特点与区别，信源设计在通信系统中起到什么作用。

第 4 章　数字基带实验

在某些具有低通特性的有线信道中，当传输距离不太远时，数字基带信号可以直接传输，称为数字基带传输。数字基带传输系统需要把信息转换为二元数字码元系统，因此，需要选择一组有限的离散波形来表示信息。不同形式的数字基带信号具有不同的频谱结构，为适应信道传输需求，需要选择合适的信号码型。此外，为了在接收端得到每个码元的起止时刻，需要在发送的信息中加入起止时刻信息。这就要求将原始信息码元按一定规则转换为适合传输的线路码。

4.1　AMI 数字基带实验

一、实验目的

(1) 掌握基带传输系统的工作原理。
(2) 掌握 AMI 传输码型的编译码规则。
(3) 掌握通过 MATLAB 编程产生 AMI 码。

二、实验原理

选择或设计传输码型需要考虑几个原则：无直流分量且低频成分小；定时信息丰富，以便恢复或再生信号；高频分量小，功率谱主瓣宽度窄，以节省传输频带；不受信源统计特性的影响；有自检能力；编译码简单，降低时延和成本。

为满足基带传输的特性要求，需要选择合适的传输码型。AMI 码全称信号交替反转码，它的编码规则是信息码的"1"交替变换为"+1"和"-1"，"0"码保持不变。

下面给出一个 AMI 码的例子：

消息码	0	1	0	1	1	0	0	0	1
AMI 码	0	+1	0	-1	+1	0	0	0	-1

AMI 码的波形具有正电平、负电平和零三种脉冲，它可以看作是单极性波形的变形，本质上是占空比为 0.5 的双极性归零码，把二进制脉冲序列变为三电平的符号序列，也称为伪三电平码。由于 +1 和 -1 各占一半，这种码中没有直流分量，低频和高频分量也较

少，信号的能量主要集中在频率的 1/2 码速处。

　　AMI 码编译码电路简单，可以利用传号极性交替的特点监测误码情况；译码时只需把 AMI 码经过全波整流就可以变为单极性码，还可从中提取定时分量，但它有一个重要缺陷：当码元序列中出现较长的连"0"串时，信号电平长时间不变，会导致提取定时信息困难。

三、实验设备

1. 硬件平台

（1）XSRP 软件无线电平台一台。
（2）电脑一台。
（3）数字示波器一台。

2. 软件平台

（1）XSRP 软件无线电平台集成开发软件。
（2）MATLAB 软件。

四、实验内容

　　（1）记录不同参数配置仿真波形和示波器实测波形。
　　① 数据类型配置为自定义数据（1011011001），数据长度配置为 10，码元速率 15 360，归零非归零配置为非归零，如图 4-1 所示，记录软件仿真波形及示波器实测波形和频谱。

图 4-1　实验参数配置

　　② 数据类型配置为自定义数据（1011011000），数据长度配置为 10，码元速率 15 360，归零非归零配置为非归零的情况下，记录软件仿真波形及示波器实测波形和频谱。
　　③ 数据类型配置为全 1 数据，数据长度配置为 10，码元速率 15 360，归零非归零配置为非归零的情况下，记录软件仿真波形及示波器实测波形和频谱。
　　④ 数据类型配置为全 0 数据，数据长度配置为 10，码元速率 15 360，归零非归零配置为非归零的情况下，记录软件仿真波形及示波器实测波形和频谱。
　　（2）指定编码数据 AMI_code_data 为 $[1,-1,0,0,1,0,-1,1,0,-1]$，进行 AMI 反变换，绘制出 AMI 编码数据，译码数据波形图，并分别输出到 CH1、CH2，用示波器观察波形和频谱并记录。

> **思考题**

　　试根据占空比为 0.5 的单极性归零码的功率谱密度公式，说明为什么信息代码中的连 0 码越长，越难于从 AMI 码中提取位同步信号。

4.2 HDB3 码型变换实验

一、实验目的

（1）掌握基带传输系统的工作原理。

（2）掌握 HDB3 传输码型的编解码规则。

（3）掌握通过 MATLAB 编程产生 HDB3 码。

二、实验原理

HDB3 码是 AMI 码的改进型，旨在克服连 0 串带来的定时信息提取困难的问题，全称是三阶高密度双极性码。在 HDB3 码中，若出现连 0 码的个数大于等于 4 时，就用 B00V 或 000V 做替代处理，B 表示符合极性交替规律的传号，称调节脉冲；V 表示破坏极性交替规律的传号，称破坏脉冲。具体编码规则如下：

（1）连"0"个数小于 4，不作改变，HDB3 码就是 AMI 码；

（2）连"0"个数等于或超过 4，每 4 个"0"为一小节，将第 4 个"0"变为破坏脉冲 V，它的极性要与前一个非"0"码元相同；

（3）相邻两个"V"符号的极性也应该是交替的，如果不能满足，就要用 B00V 代替 0000，B 和 V 的符号与前一个非"0"码元的符号相反；

（4）V 之后的传号码极性交替。

下面给出一个 HDB3 码的例子：

```
消息码      10000  10000    110000        11
AMI 码      -10000  +10000  -1+10000 -1+1
HDB3 码    -1000-V +1000+V  -1+1-B00-V+1-1
```

HDB3 的译码相对较为简单。由于每一个破坏脉冲 V 总是与前一个非"0"码同极性，因此，V 码及前面 3 个码元必定是连 0 串，找到 V 码就可恢复 4 个连 0 码，再把所有 -1 变成 +1 即可。

HDB3 码除了保持 AMI 码的优点外，还增加了使连 0 串减少到至多 3 个的优点，而不管信息源的统计特性如何。这对于定时信号的恢复是十分有利的。目前 HBD3 是应用最为广泛的码型，A 律 PCM 四次群以下的接口码型均为 HDB3 码。

三、实验设备

1. 硬件平台

（1）XSRP 软件无线电平台一台。

（2）电脑一台。

（3）数字示波器一台。

2. 软件平台

（1）XSRP 软件无线电平台集成开发软件。

（2）MATLAB 软件。

四、实验内容

（1）记录不同参数配置软件仿真波形和示波器实测波形。

① 数据类型配置为自定义数据 10000100001100000000，采样率 30 720 000 Hz，码元速率 1 536 000，如图 4 - 2 所示，记录仿真波形，详细分析 HDB3 编码的过程。

图 4 - 2　实验参数配置

② 将数据类型配置为随机数据，数据长度配置为 20，采样率 30 720 000 Hz，码元速率 1 536 000 的情况下，记录仿真波形，详细分析 HDB3 编码的过程。

（2）根据 HDB3 编码后的数据 encode_hdb3，进行 HDB3 解码生成解码数据。打印出数据源波形和 HDB3 解码后数据波形，示波器通道 1 输出数据源波形，通道 2 输出 HDB3 解码后数据波形。

（3）绘制消息代码 0111 0010 0000 1100 0010 0000 的 HDB3 数据，并将编码数据和消息代码数据分别输出到 CH1、CH2，用示波器观察波形。

思考题

设代码为全 1，全 0 及 0111 0010 0000 1100 0010 0000，给出 AMI 及 HDB3 码的代码和波形。与信源代码中的"1"码相对应的 AMI 码及 HDB3 码是否一定相同？为什么？

4.3　5B6B 码型变换实验

一、实验目的

（1）掌握基带传输系统的工作原理。

（2）掌握 5B6B 传输码型的编解码规则。

（3）掌握通过 MATLAB 编程产生 5B6B 码。

二、实验原理

为了提高线路编码性能，需要某种冗余来确保码型的同步和检错能力，块编码可以满足这两个目的。块编码的形式有 mBnB 码、mBnT 码等。

mBnB 码是将原始码流中的 m 个二进制码分为一组，记为 mB，称为一个码字，然后把一个码字编为 n 个二进制码，记为 nB，并在同一个时隙内输出，其中 $n>m$。由于 $n>m$，新码组可能有 2^n 种组合，因此多出了 2^n-2^m 种组合。从 2^n 种组合中选择一部分有利码组作为可用码组，可以获得较好的编码性能，其余部分为禁用码组，可以用于检错。一般选 $n=m+1$，码型有 1B2B、3B4B、5B6B 等。

双相码又称曼彻斯特码，它用"01"表示原码的"0"，用"10"表示原码的"1"，这就是 1B2B 码。双相码在每个码元的中心点都有电平跳变，因此含有丰富的定时信息，而且定时分量的大小不受信源统计特性的影响。在相同时隙内，传输 1 比特变为传输 2 比特，码速提高了 1 倍。

5B6B 码中，5B 共有 $2^5=32$ 个码字，变换 6B 码时有 $2^6=64$ 个码字，其中 WDS=0 的码字有 20 个，WDS=+2 的码字有 15 个，WDS=-2 的码字有 15 个，因此，共有 50 个 |WDS| 最小的码字供选择。WDS 是"码字数字和"，在 nB 码的码字中，用"-1"代表"0"码，用"+1"代表"1"码，整个码字的代数和即为 WDS，那么，就可以用 WDS 的正负来确定 0 码和 1 码的个数。

根据不同目的提出的编码方案，所对应的编码表是不同的。5B 变换为 6B 新码组时多出了 64-32=32 个码字，选择 6B 码组的原则是无直流分量，最大相同码元连码和小，定时信息丰富等。为此，舍去 |WDS|=4 和 6 的码字，删去 000011、110000、001111 和 111100。采取两种编码模式，模式一是 WDS=0、+2，模式二是 WDS=0、-2，当采用模式一编码时，遇到 WDS=+2 的码组后，后面编码就跳到模式二；在模式二编码时，遇到 WDS=-2 的码组后，就跳到模式一；若 WDS=0，选模式一。5B6B 的编码表如表 4-1 所示。

表 4-1 5B6B 编码表

	信号码(5B)	线路码(6B)			
		模式1(正组)		模式2(负组)	
		码字	WDS	码字	WDS
0	00000	010111	+2	101000	-2
1	00001	100111	+2	011000	-2
2	00010	011011	+2	100100	-2
3	00011	000111	0	000111	0
4	00100	101011	+2	010100	-2
5	00101	001011	0	001011	0
6	00110	001101	0	001101	0
7	00111	001110	0	001110	0
8	01000	110011	+2	001100	-2
9	01001	010011	0	010011	0
10	01010	010101	0	010101	0
11	01011	010110	0	010110	0

续表

	信号码(5B)	线路码(6B)			
		模式 1(正组)		模式 2(负组)	
		码字	WDS	码字	WDS
12	01100	011001	0	011001	0
13	01101	011010	0	011010	0
14	01110	011100	0	011100	0
15	01111	101101	+2	010010	−2
16	10000	011101	+2	100010	−2
17	10001	100011	0	100011	0
18	10010	100101	0	100101	0
19	10011	100110	0	100110	0
20	10100	101001	0	101001	0
21	10101	101010	0	101010	0
22	10110	101100	0	101100	0
23	10111	110101	+2	001010	−2
24	11000	110001	0	110001	0
25	11001	110010	0	110010	0
26	11010	110100	0	110100	0
27	11011	111001	+2	000110	−2
28	11100	111000	0	111000	0
29	11101	101110	+2	010001	−2
30	11110	110110	+2	001001	−2
31	11111	111010	+2	000101	−2

三、实验设备

1. 硬件平台

（1）XSRP 软件无线电平台一台。

（2）电脑一台。

（3）数字示波器一台。

2. 软件平台

（1）XSRP 软件无线电平台集成开发软件。

（2）MATLAB 软件。

四、实验内容

（1）记录不同参数配置仿真波形和示波器实测波形。

① 数据类型配置为 10 交替数据，数据源周期配置为 2，采样率 30 720 000，码元速率 1 536 000，如图 4 - 3 所示，记录仿真波形及示波器实测波形。

图 4 - 3　实验参数配置

② 数据类型配置为 01 交替数据，数据源周期配置为 2，采样率 30 720 000 Hz，码元速率 1 536 000 的情况下，记录仿真波形及示波器实测波形。

③ 数据类型配置为全 1 数据，数据源周期配置为 2，采样率 30 720 000 Hz，码元速率 1 536 000 的情况下，记录仿真波形及示波器实测波形。

④ 数据类型配置为自定义数据（统一为 1011011000），采样率 30 720 000 Hz，码元速率 1 536 000 的情况下，记录仿真波形及示波器实测波形。

（2）根据例程生成的 HDB3 编码后的数据 encode_hdb3，进行 HDB3 解码生成解码数据。打印出数据源波形和 HDB3 解码后数据波形，示波器通道 1 输出数据源波形，通道 2 输出 HDB3 解码后数据波形。

思 考 题

（1）不归零码和归零码的特点是什么？

（2）5B6B 码是否有纠错功能？总结 5B6B 编码的特性和优越性。

第5章 模拟调制解调实验

大部分信源产生的语音、音乐、图像和视频等模拟信号，可直接进行调制传输。不同的模拟信号带宽有极大差异，如语音信号带宽在 4 kHz 左右，音乐信号带宽在 20 kHz 左右，视频信号在 6 MHz 左右。因为模拟调制系统技术简单，成本低廉，所以许多信号目前仍采用模拟传输方式，特别是在音频和视频的广播领域。

5.1 模拟幅度调制解调实验

一、实验目的

（1）理解调制解调技术的原理。
（2）学会 AM 调制解调的原理及实现方法。
（3）掌握通过 MATLAB 编程实现幅度调制解调的方法。

二、实验原理

1. AM 调制

振幅调制用载波信号 $c(t)$ 的振幅记录消息信号 $m(t)$，故也称为消息信号对载波信号的调制。消息信号 $m(t)$ 又称调制信号，是待传输的模拟信号，通常是低通信号。调制过程会将调制信号从低通信号变换成带通信号。

振幅调制通过调制信号控制高频载波的幅度，使之进行线性变化。幅度调制器的一般原理如图 5-1 所示。

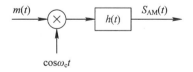

图 5-1 幅度调制器的一般原理

标准的幅度调制是常规双边带幅度调制，简称调幅（AM）。它在基带信号中引入直流分量，从而在调制信号中多了一个大载波分量，其模型如图 5-2 所示。

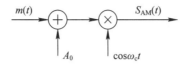

图 5-2 AM 调制模型

调幅信号的时域表达式为

$$S_{AM}(t) = [A_0 + m(t)]\cos\omega_c t \tag{5-1}$$

式中：A_0 为外加的直流分量；$m(t)$ 可以是确知信号，也可以是随机信号。

若 $m(t)$ 为确知信号，则 AM 信号的频谱为

$$S_{AM}(\omega) = \pi A_0 [\delta(\omega + \omega_c) + \delta(\omega - \omega_c)] + \frac{1}{2}[M(\omega + \omega_c) + M(\omega - \omega_c)]$$

AM 信号的典型波形如图 5-3 所示。

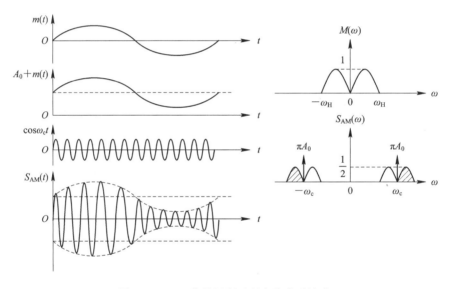

图 5-3 AM 信号调制过程中的典型波形

当满足条件 $|m(t)| \leqslant A_0$ 时，AM 调幅波的包络与调制信号 $m(t)$ 的形状完全一样。如果在某些时刻 $m(t) < -A_0$，则称 AM 信号过调制，这种情况会使解调过程变得更加复杂。有时为了方便起见，可将 $m(t)$ 表示成

$$m(t) = am_n(t) \tag{5-2}$$

其中，a 称为调制指数且一般有 $0 < a \leqslant 1$，$m_n(t)$ 经过了归一化处理，其最小值为 -1，即

$$m_n(t) = \frac{m(t)}{|\min[m(t)]|} \tag{5-3}$$

当 $a \leqslant 1$，$m_n(t) \geqslant -1$ 时，信号不会出现过调制的情况。这对于包络检测来说非常重要。图 5-4 所示为不同调制指数下信号包络的形状。当 $a = 0.5$ 时，包络线始终为正；当 $a = 1.0$ 时，包络线的最小值正好为零，因此，包络检测可用于这两种情况。当 $a = 1.5$ 时，包络线变为负数，发生过调制，包络与原信号相比发生了严重失真，通过包络检测是无法恢复出原始信号的，但是可以采用其他的解调方法。

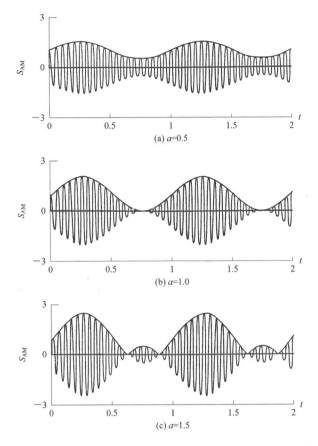

图 5-4　不同调制指数下的载波及检测出的包络

2. AM 信号解调

解调是调制的逆过程，其作用是从接收的已调信号中恢复出原基带信号（即调制信号）。解调的方法可分为两类：相干解调和非相干解调。

非相干解调通常采用包络检波的方法。当 $|m(t)| \leqslant A_0$ 时，AM 信号的包络就是调制信号 $m(t)$，可用包络检波的方法很容易恢复出原始调制信号。首先对接收信号进行整流以消除负值，再通过一个带宽与调制信号匹配的低通滤波器，就可以恢复出调制信号。整流器与低通滤波器合称包络检测器。此种方法不需要同步解调器就可实现，形式简单，性价比高，可使接收机成本大大下降；虽然此种方法需要建大功率发射机，但整体费用较低，对于 AM 无线电广播来说非常实用。在程序中实现时，可利用软件提供的 envelop 函数来提取信号包络，也可通过 Hilbert 变换来实现。

对一个给定信号 $x(t)$，Hilbert 变换可用一个卷积表达

$$\hat{x}(t) = H[x(t)] = \frac{1}{\pi} \int_{-\infty}^{\infty} \frac{x(t)}{t-\tau} \mathrm{d}\tau = x(t) * \frac{1}{\pi t} \qquad (5-4)$$

根据 Hilbert 变换，解析信号可定义为

$$z(t) = x(t) + \mathrm{j}\hat{x}(t) = a(t) \exp[\mathrm{j}\theta(t)] \qquad (5-5)$$

其中，$a(t) = \sqrt{x^2 + \hat{x}^2}$ 并且 $\theta(t) = \arctan\left(\dfrac{\hat{x}}{x}\right)$，其中 $a(t)$ 是瞬时振幅，θ 是瞬时相位。那么

Hilbert 包络谱可以表示为

$$h(f) = \int_{-\infty}^{\infty} \sqrt{x^2(t) + \hat{x}^2(t)} \exp(-\mathrm{j}2\pi ft)\mathrm{d}t \qquad (5-6)$$

解析信号的幅值，即 $a(t)$ 就是 $z(t)$ 的包络。Hilbert 可以用来对窄带信号进行解包络，并求解信号的瞬时频率。

相干检波是另外一种解调方法，解调器利用相干相位的参考信息生成与发送端频率相同的解调载波。首先本振产生一个与载波信号频率相同的参考信号，然后利用锁相环将解调信号与参考信号同步。解调信号与参考信号相乘后，通过低通滤波器滤除高频成分，得到原始信号。此时，需要特别注意确保解调载波中的相位误差最小化，因为即使是很小的相位误差，也会导致解调波形的严重失真。

三、实验设备

1. 硬件平台

（1）XSRP 软件无线电平台一台。

（2）电脑一台。

（3）数字示波器一台。

2. 软件平台

（1）XSRP 软件无线电平台集成开发软件。

（2）MATLAB 软件。

四、实验内容

（1）观测并记录 AM 不同调制条件下软件仿真波形和示波器实测波形。

① 幅度配置为 2，信源频率配置为 5000 Hz，直流分量配置为 3，载波频率配置为 50000 Hz，解调方式配置为包络检波，如图 5 - 5 所示。观察并记录软件仿真波形和示波器实测波形，并写出调制信号、载波信号和已调信号的表达式，分析各步骤的实验结果。

图 5 - 5　实验参数配置

• 点击"开始运行"按钮，并点击实验现象标签页 实验原理 实验现象 ，观察所得仿真波形，并记录已调信号和解调信号波形。

• 拖动加直流分量信号到已调信号。观察并记录所得仿真波形，并记录波形图。

• 点击实验原理标签页 实验原理 实验现象 ，双击调幅信号的探图 调幅信号 ，观察已调信号时域波形。在输出到 DA 处选择输出到 CH1，用示波器通道 1 显示，观察已调信号时域波形及频谱，并记录结果。

• 关掉波形显示的界面，双击解调信号的探图 解调信号 ，观察解调信号时域波形。在输出到 DA 处选择输出到 CH2，用示波器通道 2 显示，观察解调信号波形及频谱，并记录波形。

②将幅度配置为 2，信源频率配置为 5000 Hz，直流分量配置为 2，载波频率配置为 50 000 Hz，解调方式为包络检波，重复上述实验步骤。

③将幅度配置为 2，信源频率配置为 5000 Hz，直流分量配置为 1，载波频率配置为 50 000 Hz，解调方式为包络检波，重复上述实验步骤。

④调制梯形是监测 AM 信号调制指数的一个工具。如果将载波置于示波器的垂直输入端，将调制信号 $m(t)$ 置于水平输入端，则产生调制梯形的包络。试显示出以上三种不同实验的调制梯形。

（2）编写程序实现：正弦调制信号幅度 5，直流分量为 5（满调幅），频率 10 000 Hz，载波频率 100 000 Hz，进行 AM 调制。

①绘制调制信号、调制信号加直流分量、载波信号和已调信号的时域波形。绘制调制信号、已调信号的频谱。

②分别利用相干检波和包络检波法进行解调，恢复原始信息并绘制波形。

③利用示波器两通道分别输出已调信号和解调信号波形，并观察已调信号频谱，记录波形。

④改变信道的信噪比，绘制不同信噪比下的解调后信号与原调制信号的误差关系曲线，并比较不同信噪比下两种解调方法的性能异同。

> ┊ **思 考 题** ┊
>
> 设计一个实现 AM 调制解调的模拟电路，解调部分采用包络检波方式。

5.2　DSB 和 SSB 调制解调实验

一、实验目的

（1）掌握调制解调技术的原理。

（2）掌握 DSB 调制解调的原理及实现方法。

（3）掌握 SSB 调制解调的原理及实现方法。

（4）掌握通过 MATLAB 编程实现 DSB 和 SSB 调制解调。

二、实验原理

1. DSB 调制解调

在 AM 信号中，载波分量并不携带信息，信息完全由边带传送。如果在 AM 调制模型中将直流分量 A_0 去掉，即可得到一种高调制效率的调制方式——抑制载波双边带信号（DSB-SC），简称双边带信号（DSB）。对 DSB 的分析表明，除非 $m(t)$ 具有直流分量，否则 DSB 信号的频谱在载波频率上不包含离散频谱分量。因此，不存在载波频率分量的 DSB 系统通常被称为抑制载波系统。

DSB 调制原理如图 5-6 所示。它可表示为

$$S_{DSB}(t) = m(t)\cos\omega_c t$$

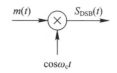

图 5-6 DSB 调制原理

根据傅里叶变换原理，DSB 已调信号的频谱为

$$S_{DSB}(\omega) = \frac{1}{2}\left[M(\omega + \omega_c) + M(\omega - \omega_c)\right] \tag{5-7}$$

与 AM 调制相比，DSB 已调信号的频谱少了 δ 函数，因为不存在载波分量，只有上下边带，DSB 的调制效率是 100%，即全部功率都用于信息传输。DSB 信号的包络正比于调制信号，但是 DSB 信号的包络不再与调制信号的变化规律一致，因而，不能采用简单的包络检波来恢复调制信号。DSB 解调时需要采用相干解调。相干解调公式为

$$d(t) = m(t)\cos(\omega_c t)\cos(\omega_c t) = \frac{1}{2}m(t)\left[1 + \cos(2\omega_c t)\right] \tag{5-8}$$

对所得到的信号采取低通滤波并放大，可得到原信号。

图 5-7 所示为 DSB 调制的典型波形及解调后的效果。图 5-8 所示为调制解调过程中的频谱变化情况。DSB 信号载波的相位反映了调制信号的极性，即在调制信号正半周内的载波相位与调制信号负半周内的反相。因此，严格地说，DSB 信号已非单纯的振幅调制信号，而是既调幅又调相的信号。

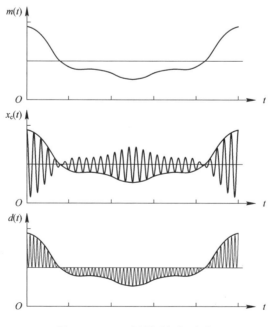

图 5-7 DSB 调制及解调波形

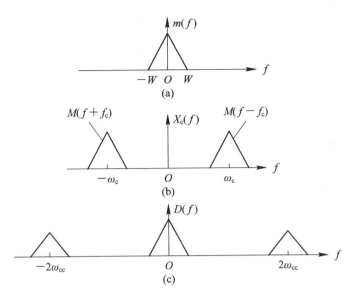

图 5-8　DSB 调制及解调过程中的频谱变化

因为所有发射功率都位于边带中，并且边带携带消息信号 $m(t)$，这使得 DSB 调制具有很高的效率，在功率受限应用中很受欢迎。

2. SSB 调制解调

从 DSB 的传输可以看出，双边带传输不是必要的。因为任何一个边带都包含足够的信息来重建消息信号 $m(t)$。在信号传输之前，消除双边带信号中的一个边带，称为调制（SSB）信号。滤掉上边带保留下边带，则成为下边带信号频谱图；若保留上边带，则成为上边带。这会将调制器输出的带宽从 $2W$ 降低到 W，其中 W 是 $m(t)$ 的带宽。但是，节省带宽的同时复杂性大大增加。根据滤除方法的不同产生 SSB 信号的方法有：滤波法和相移法。

1）滤波法

单边带调制（SSB）信号是将双边带信号中的一个边带滤掉而形成的。滤掉上边带保留下边带，则成为下边带信号频谱图；若保留上边带，则成为上边带。原理如图 5-9 所示。

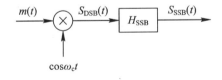

图 5-9　单边带调制原理

可以利用一个理想的上边带滤除器对 DSB 信号进行滤波，以保留信号的下边带。这个滤波器可以表示为

$$H_{\mathrm{L}}(f) = \frac{1}{2}\big[\mathrm{sgn}(f+f_c) - \mathrm{sgn}(f-f_c)\big] \tag{5-9}$$

DSB 信号的傅里叶变换是

$$S_{\mathrm{DSB}}(f) = \frac{1}{2}A_c M(f+f_c) + \frac{1}{2}A_c M(f-f_c) \tag{5-10}$$

下边带 SSB 信号的傅里叶变换是

$$X_c(f) = \frac{1}{4}A_c[M(f+f_c)\operatorname{sgn}(f+f_c) + M(f-f_c)\operatorname{sgn}(f+f_c)] -$$

$$\frac{1}{4}A_c[M(f+f_c)\operatorname{sgn}(f-f_c) + M(f-f_c)\operatorname{sgn}(f-f_c)]$$

$$= \frac{1}{4}A_c[M(f+f_c) + M(f-f_c)] +$$

$$\frac{1}{4}A_c[M(f+f_c)\operatorname{sgn}(f+f_c) - M(f-f_c)\operatorname{sgn}(f-f_c)] \quad (5-11)$$

由 DSB 信号可以有

$$\frac{1}{2}A_c m(t)\cos(\omega_c t) \leftrightarrow \frac{1}{4}A_c[M(f+f_c) + M(f-f_c)] \quad (5-12)$$

由 Hilbert 变换有

$$\hat{m}(t) \rightarrow -\mathrm{j}(\operatorname{sgn} f)M(f) \quad (5-13)$$

$$m(t)\mathrm{e}^{\pm \mathrm{j}\omega_c t} \rightarrow M(f \mp f_c) \quad (5-14)$$

因此

$$\mathfrak{F}^{-1}\left\{\frac{1}{4}A_c[M(f+f_c)\operatorname{singn}(f+f_c) - M(f-f_c)\sin(f-f_c)]\right\}$$

$$= -A_c\frac{1}{4\mathrm{j}}\hat{m}(t)\mathrm{e}^{-\mathrm{j}\omega_c t} + A_c\frac{1}{4j}m(t)\mathrm{e}^{+\mathrm{j}\omega_c t}$$

$$= \frac{1}{2}A_c\hat{m}(t)\sin(\omega_c t) \quad (5-15)$$

结合式(5-12)和式(5-15)可以得到下边带 SSB 信号:

$$S_{\mathrm{LSB}}(t) = \frac{1}{2}A_c m(t)\cos(\omega_c t) + \frac{1}{2}A_c\hat{m}(t)\sin(\omega_c t) \quad (5-16)$$

同理也可得上边带信号:

$$S_{\mathrm{USB}}(t) = \frac{1}{2}A_c m(t)\cos(\omega_c t) - \frac{1}{2}A_c\hat{m}(t)\sin(\omega_c t) \quad (5-17)$$

如果低频信息包含在 $m(t)$ 中,用滤除边带的办法得到 SSB 信号时,滤波器需要非常接近理想状态。

2) 相移法

采用相移法时,系统逐项实现式(5-16)或式(5-17)。将二者进一步写为

$$S_{\mathrm{LSB}}(t) = \frac{1}{2}A_m\cos(\omega_c - \omega_m)t = \frac{1}{2}A_m\cos\omega_m t\cos\omega_c t + \frac{1}{2}A_m\sin\omega_m t\sin\omega_c t \quad (5-18)$$

$$S_{\mathrm{USB}}(t) = \frac{1}{2}A_m\cos(\omega_c + \omega_m)t = \frac{1}{2}A_m\cos\omega_m t\cos\omega_c t - \frac{1}{2}A_m\sin\omega_m t\sin\omega_c t \quad (5-19)$$

$A_m\sin\omega_m t A_m\sin\omega_m$ 可以看成是 $A_m\cos\omega_m t A_m\cos\omega_m$ 相移 $\pi/2$ 的结果,而幅度大小保持不变,这一过程称为希尔伯特变换。那么,相移法模型就可以由图5-10得到。

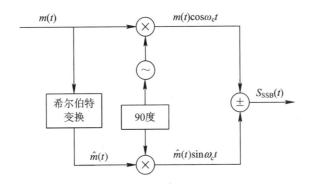

图 5 - 10　相移法模型

相移法是利用相移网络，对载波和调制信号进行适当的相移，以便在合成过程中将其中的一个边带抵消而获得 SSB 信号，相移法不需要滤波器具有陡峭的截止特性，不论载频有多高，均可一次实现 SSB 调制。

SSB 可利用相干法解调。对于一些直流分量较少的信号，如语音信号，可以通过插入载波的方法实现解调。将一个小的载波分量加入已调信号中，可以得到

$$e(t) = \left[\frac{1}{2}A_c m(t) + K\right]\cos(\omega_c t) \pm \frac{1}{2}A_c \hat{m}(t)\sin(\omega_c t) \qquad (5-20)$$

然后就可以利用包络检波器进行解调。重新插入载波后，SSB 信号的包络为

$$y(f) = \sqrt{\left[\frac{1}{2}A_c m(t) + K\right]^2 + \left[\frac{1}{2}A_c \hat{m}(t)\right]^2} \qquad (5-21)$$

若选取的 K 足够大，且满足

$$\left[\frac{1}{2}A_c m(t) + K\right]^2 \gg \left[\frac{1}{2}A_c \hat{m}(t)\right]^2 \qquad (5-22)$$

则包络变为

$$y(t) \approx \frac{1}{2}A_c m(t) + K \qquad (5-23)$$

这样就可以轻松获取消息信号。插入载波时，要求本振的相位与原载波相位相同，在语音传输系统中这一点是可实现的。

三、实验设备

1. 硬件平台

（1）XSRP 软件无线电平台一台。

（2）电脑一台。

（3）数字示波器一台。

2. 软件平台

（1）XSRP 软件无线电平台集成开发软件。

（2）MATLAB 软件。

四、实验内容

（1）将幅度配置为 1，信源频率配置为 10 000 Hz，载波频率配置为 100 000 Hz，如图 5 - 11 所示。记录 DSB 调制解调所得仿真波形和示波器实测波形。

图 5 - 11　实验参数配置

① 点击"开始运行"按钮，并点击实验现象标签页 <u>实验原理</u> <u>实验现象</u> ，观察所得仿真波形并记录。

② 点击实验原理标签页 <u>实验原理</u> 实验现象 ，双击调制信号的探图 ，在输出到 DA 处选择输出到 CH1，用示波器通道 1 显示，观察调制信号波形并记录。

③ 关掉波形显示的界面，双击已调信号 $S_{SSB}(t)$ 的探图 ，在输出到 DA 处选择输出到 CH2，用示波器通道 2 显示，观察已调信号时域波形并记录。

④ 关掉波形显示的界面，双击解调信号 $m(t)$ 的探图 ，在输出到 DA 处选择输出到 CH1，用示波器通道 1 显示，观察解调信号时域波形并记录。

（2）正弦调制信号幅度为 1，频率 10 000 Hz，载波频率 100 000 Hz。

① 进行 DSB 调制，打印调制信号、载波信号和已调信号的波形。将调制信号和已调信号分别用 CH1、CH2 输出到示波器，观察已调信号的频谱。

② 进行下边带调制，打印调制信号、载波和 SSB 已调信号的波形。将调制信号和已调信号分别用 CH1、CH2 输出到示波器，观察已调信号的频谱。

③ 编程计算 DSB 调制解调的制度增益 G，并说明产生该现象的原因。

④ 编程计算 SSB 调制解调的制度增益 G。

┌────────┐
│ 思 考 题 │
└────────┘

（1）已知 SSB 的制度增益为 1，能否说明 DSB 的抗噪性能优于 SSB，为什么？

（2）AM 调制解调系统的制度增益是多少？并与 DSB 相比较。

第6章 数字调制解调实验

　　大多数无线信道、光信道等传输信道是带通型信道，需要把数字基带信号进行载波调制，将频谱搬移到高载处，使已调信号能通过带限信道传输，这种把基带数字信号变为频带数字信号的过程称为数字调制，或称数字频带传输。在接收端，则会把频带信号还原成基带数字信号，称为数字解调。

　　数字调制技术可分为两类：一种是利用模拟方法实现数字调制；另一种是利用数字信号的离散特点控制功波，实现数字调制，称键控法，可分为 ASK、FSK 和 PSK 等调制方式，如图 6-1 所示，即仍以幅度调制、相位调制或频率调制为基础。

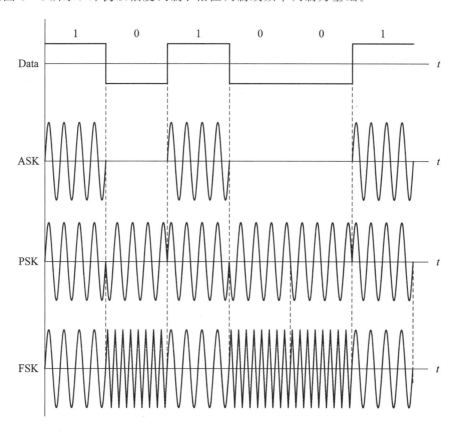

图 6-1　不同数字调制方式波形

6.1 ASK 和 FSK 调制解调实验

一、实验目的

（1）了解数字调制的基本概念。

（2）掌握 ASK 和 FSK 调制解调的原理及实现方法。

（3）掌握通过 MATLAB 编程实现 ASK 和 FSK 调制解调。

二、实验原理

1. 2ASK 调制与解调

振幅键控（Amplitude Shift Keying，ASK）又称开关键控，它利用载波的幅度变化来传递数字信息，而其频率和初始相位保持不变。如果载波的幅度只有两种状态，则可称为 2ASK，两种状态分别对应 0 和 1。此时，载波在二进制调制信号 1 或 0 的控制下通或断，在信号的持续时间内，载波的幅度由数据比特的值确定。

1）2ASK 调制

ASK 信号可表示为

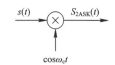

$$S_{2ASK}(t) = s(t)\cos\omega_c t \qquad (6-1)$$

式中：$s(t)$ 是不归零信号，可表示为

图 6-2 2ASK 模拟调制方式

$$s(t) = \sum_{n=-\infty}^{\infty} a_n g(t - nT_b) \qquad (6-2)$$

式中：T_b 为码元持续时间；$g(t)$ 为持续时间为 T_b 的基带脉冲波形。为简便起见，通常假设 $g(t)$ 是高度为 1、宽度等于 T_b 的矩形脉冲；a_n 是第 n 个符号的电平取值。

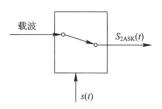

2ASK 信号一般有两种产生方法：模拟相乘法和数字键控法。图 6-2 所示是 2ASK 信号的模拟幅度调制方式，可以看出，它与 AM 调制基本一样，利用乘法器来实现。2ASK 信号还可以利用二进制信号控制数字开关的通断来实现，如图 6-3 所示。调制结果如图 6-4 所示。

图 6-3 2ASK 数字实现方式

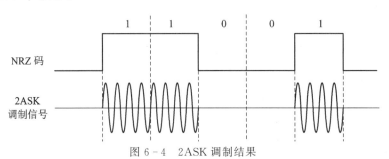

图 6-4 2ASK 调制结果

2）2ASK 解调

与 AM 信号解调类似，2ASK 信号解调也有包络检波法和相干解调法两种。

（1）包络检波法。

包络检波法过程如图 6-5 所示。首先，让接收到的已调信号经过一个带通滤波器。此带通滤波器可让已调信号顺利通过并滤除多余杂波等信号，然后经过包络检测器，提取信号的包络。包络检测有基于解析的方法，也有基于信号的包络提取算法。基于解析的方法利用解析滤波器将信号分解为两个正交信号，一个是原始信号，一个是原信号的解析信号，然后对解析信号进行包络检测。AM 解调实验中提到的 Hilbert 变换的方法就属于利用解析信号的方法。基于信号的包络检测对信号先做半波或全波整流处理，然后利用低通滤波器滤除高频成分从而得到信号包络，低通滤波器有巴特沃思滤波器、切比雪夫滤波器等。若采用半波整流法则只取信号正半周，解调时通过取信号的两个相位分量，再相减得到信号的包络。抽样判决器有时也称译码器，包括抽样、判决和码元形成器，对接收滤波器的输出波形进行抽样判决，如果大于门限值，则判定为 1，反之判定为 0，从而恢复或再生基带信号。抽样脉冲是窄脉冲，位于码元中央，其重复周期与码元宽度相同。

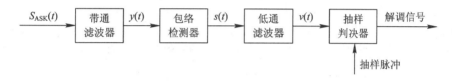

图 6-5　包络检波法对 2ASK 信号进行解调原理

（2）相干解调法。

相干解调与前文 AM 解调时采用的方法一致。相干解调又称同步解调，需要接收机产生一个与发送的载波同频同相的本地载波，与收到的已调信号相乘，即

$$z(t) = s(t)\cos\omega_c t \cdot \cos\omega_c t$$
$$= s(t)\cos^2\omega_c t$$
$$= \frac{1}{2}s(t) + \frac{1}{2}s(t)\cos2\omega_c t \qquad (6-3)$$

式中的第一项就是基带信号，第二项频率与基带信号相差较远，可用低通滤波保留基带信号，去除高频信号。低通滤波器的截止频率要与基带信号的最高频率相等。低通滤波器滤除后的波形会发生失真，此时需要抽样判决后整形以恢复基带信号。相干解调过程如图 6-6 所示。

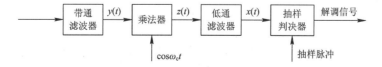

图 6-6　2ASK 信号相干解调法原理

2. 2FSK 调制与解调

频移键控（FSK）用不同频率的载波来传送数字信号，而其幅度和初始相位保持不变。2FSK 调制与 2ASK 调制类似，如果利用二进制信号进行频移键控，当发送码元是"1"时，

载波频率对应 ω_1；当发送码元是"0"时，载波频率对应 ω_2。用两个不同频率的载波来代表数字信号的两种电平。

1）2FSK 调制

2FSK 调制信号可表示为

$$S_{\text{2FSK}}(t) = \begin{cases} A\cos(\omega_1 t + \varphi), & \text{以概率 } P \text{ 发送"1"时} \\ A\cos(\omega_2 t + \varphi), & \text{以概率 } 1-P \text{ 发送"0"时} \end{cases} \quad (6-4)$$

假设信号初始相位 $\varphi = 0$，2FSK 信号可以写作一般表达式：

$$S_{\text{2FSK}}(t) = s_1(t)\cos\omega_1 t + s_2(t)\cos\omega_2 t \quad (6-5)$$

式中，$s_1(t)$ 和 $s_2(t)$ 是单极性不归零信号，且当 $s_1(t)$ 为正电平脉冲时 $s_2(t)$ 为零电平，反之亦然，则 2FSK 信号可看作是两个互补的不同频率 2ASK 信号的叠加。

与 2ASK 调制法类似，2FSK 调制的实现也有两种模式：模拟调频法和频率键控法。

（1）模拟调频法。

模拟调频法使用二进制数字基带信号控制一个振荡器的某些参数，直接改变振荡频率以输出不同频率的信号。比如，当基带信号为正时（相当于"1"码），改变振荡器谐振回路的参数（电容或者电感数值），使振荡器的振荡频率提高（设为 ω_1）；当基带信号为负时（相当于"0"码），改变振荡器谐振回路的参数（电容或者电感数值），使振荡器的振荡频率降低（设为 ω_2），而实现了调频。由这种方法产生的 2FSK 信号在相邻码元之间的相位是连续的，所以称其为相位连续的 2FSK 信号（CPFSK）。

（2）频率键控法。

频率键控法用数字矩形脉冲控制电子开关在两个振荡器之间进行转换，从而输出不同频率的信号，如图 6-7 和图 6-8 所示。在开关发生转换的瞬间，两个高频振荡的输出电压通常不可能相等，于是 FSK 信号在基带信号变换时电压会发生跳变，使得信号在前后码元的转换时刻相位是不连续的，称为相位不连续的 2FSK 信号（DPFSK）。

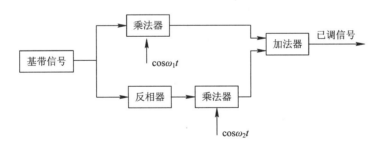

图 6-7　频率键控法生成 2FSK 信号

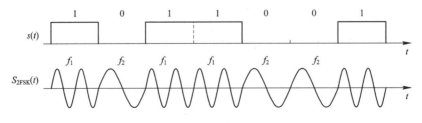

图 6-8　2FSK 信号的波形

2）2FSK 解调

2FSK 解调也有包络检波法和相干解调法。

（1）包络检波法。

包络检波过程如图 6-9 所示，首先利用两个窄带带通滤波器将 2FSK 信号分解成两个不同频率的 ASK 信号，接着利用包络检波器取出两路信号的包络，然后抽样判决直接比较两路信号大小，或者可以把两路信号的电压差值与零电平比较，从而确定到底哪一支路为"1"，哪一支路为"0"，判决规则与调制规则呼应。这种比较判决器的门限为零电平。

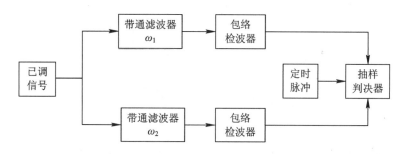

图 6-9　2FSK 信号包络检波法解调原理

（2）相干解调法。

先用两个分别对 ω_1、ω_2 带通的滤波器对已调信号进行滤波，然后分别将滤波后的信号与相应的载波相乘进行相干解调，再分别低通滤波，用抽样信号进行抽样判决即可，过程如图 6-10 所示。

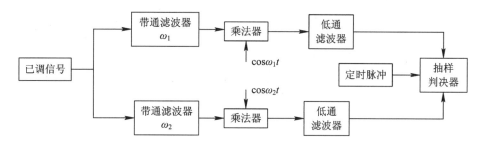

图 6-10　2FSK 信号相干解调法原理

三、实验设备

1. 硬件平台

（1）XSRP 软件无线电平台一台。

（2）计算机一台。

（3）数字示波器一台。

2. 软件平台

（1）XSRP 软件无线电平台集成开发软件。

（2）MATLAB 软件。

四、实验内容

（1）记录不同参数配置下的 ASK 调制解调仿真波形和示波器实测波形。

① 数据类型配置为 10 交替数据，数据长度配置为 10，采样率 30 720 000 Hz，码元速率 307 200，载波频率 614 400 Hz，无噪声，如图 6‑11 所示，记录仿真波形及示波器实测波形。

图 6‑11　实验参数配置

· 点击"开始运行"，并点击"实验现象"标签页 实验原理 **实验现象**，观察所得仿真波形，并记录波形。

· 点击"实验原理"标签页 **实验原理** 实验现象，双击调制信号的探图 调制信号 ，在输出到 DA 处选择"输出到 CH1"，用示波器通道 1 显示调制信号波形，并记录波形与频谱。

· 双击已调信号的探图 已调信号 ，在输出到 DA 处选择"输出到 CH2"，用示波器通道 2 显示已调信号波形，并记录波形与频谱。

② 数据类型配置为自定义数据（统一为 1001101001），采样率为 30 720 000 Hz，码元速率为 307 200，载波频率为 1 228 800 Hz，有噪声的情况下，按①中步骤，记录仿真波形及示波器实测波形和频谱。

（2）生成长度为 10 的自定义数据[1,0,1,1,0,1,1,0,1,0]，载波频率 614 400 Hz，进行 ASK 调制，已调信号加 10 dB 高斯白噪声。将基带信号和加噪后已调信号分别输出到 CH1 和 CH2，用示波器观察信号。统计误码数，并打印基带信号、载波信号和已调信号波形。

（3）参照（1）题步骤，记录不同参数配置仿真波形和示波器实测波形。

① 数据类型配置为 10 交替数据，数据长度配置为 10，采样率为 30 720 000 Hz，码元速率为 307 200，载波 1 频率为 614 400 Hz，载波 2 频率为 1 228 800 Hz，无噪声，如图 6‑12 所示，观测并记录软件仿真波形及示波器实测波形。

图 6‑12　实验参数配置

② 数据类型配置为随机数据，数据长度配置为 20，采样率为 30 720 000 Hz，码元速率为 307 200，载波 1 频率为 1 228 800 Hz，载波 2 频率为 2 457 600 Hz，有噪声的情况下，观测软件仿真波形及示波器实测波形。

（4）生成长度为 10 的自定义数据[1,0,1,1,0,1,1,0,1,0]，载波 1 频率为 1 228 800 Hz，载波 2 频率为 2 457 600 Hz，进行 FSK 调制。已调信号加 20 dB 高斯白噪

声,将基带信号和加噪后已调信号分别输出到 CH1 和 CH2,用示波器观察信号。FSK 解调采用相干解调。统计误码数,打印基带信号、已调信号和解调信号波形。

```
┌┈┈┈┈┈┈┈┐
 思 考 题
└┈┈┈┈┈┈┈┘
```

(1) 画出 FSK 系统的仿真误码率与理论误码率曲线(横坐标为 SNR,纵坐标为误码率),并比较说明产生该现象的原因。

(2) 位同步信号的上升沿为什么要处于 2FSK 解调器的低通滤波器输出信号的码元中心?

6.2　2PSK 和 2DPSK 调制解调实验

一、实验目的

(1) 了解数字调制的基本概念。

(2) 掌握 2PSK 和 2DPSK 调制解调的原理及实现方法。

(3) 掌握通过 MATLAB 编程实现 BPSK 调制解调。

二、实验原理

1. PSK 调制与解调

相移键控是利用载波的相位变化来传递数字信息,而振幅和频率保持不变。BPSK (Binary Phase Shift Keying)即二进制相移键控,又称为 2PSK,利用高频载波不同的两个相位分别表示二进制"0"和"1"。PSK 系统抗噪声性能优于 ASK 和 FSK,而且频带利用率较高,所以在中、高速数字通信中被广泛采用。

1) 2PSK 调制

2PSK 信号的时域表达式可写为

$$S_{2PSK}(t) = \begin{cases} A\cos(\omega_c t + \varphi_1), \text{以概率 } P \text{ 发送"1"时} \\ A\cos(\omega_c t + \varphi_2), \text{以概率 } 1-P \text{ 发送"0"时} \end{cases} \quad (6-6)$$

在 2PSK 调制中,通常用初始相位 0 或 π 分别表示二进制的"0"和"1"。因此,上式可改写为

$$S_{2PSK}(t) = \begin{cases} A\cos\omega_c t, \text{以概率 } P \text{ 发送"1"时} \\ -A\cos\omega_c t, \text{以概率 } 1-P \text{ 发送"0"时} \end{cases} \quad (6-7)$$

信号的两种码元振幅、波形都相同,极性相反,因此,可以把上式写成一般表达式

$$S_{2PSK}(t) = s(t)\cos\omega_c t \quad (6-8)$$

其中,$s(t)$是一个双极性全占空矩形脉冲序列:

$$s(t) = \sum_n a_n g(t - nT_B) \qquad (6-9)$$

这里，$g(t)$ 为脉宽为 T_B 的单个矩形脉冲；a_n 的统计特性为

$$a_n = \begin{cases} 1, \text{概率为 } P \\ -1, \text{概率为 } 1-P \end{cases} \qquad (6-10)$$

即发送二进制符号"0"时($a_n = +1$)，$S_{BPSK}(t)$ 取 0 相位；发送二进制符号"1"时($a_n = -1$)，$S_{2PSK}(t)$ 取 π 相位。这种以载波的不同相位直接去表示相应二进制数字信号的调制方式，称为二进制绝对相移方式，$\{a_n\}$ 称绝对码。

绝对码和相对码是相移键控的基础。绝对码(absolute code)是一种编码方式，用基带信号码元的电平直接表示信号的相位信息，也就是说相位信息相对的码元是固定的。相对码(relative code)又称差分码，利用相对码的相位差进行编码，编码时要注意当前时刻基带信号码元相对前一时刻有无跳变，若电平有跳变则为"1"，无跳变则为"0"。绝对码的解调简单，但编码复杂，需要同步机制；相对码解调过程比较复杂。2PSK 就是绝对调相。

实现 2PSK 调制有两种方法：模拟调制法和相位选择法。

(1) 模拟调制法。

模拟调制法用输入的基带信号直接控制已输入载波相位的变化来实现相位键控，此时必须使 $s(t)$ 正电平代表 0，负电平代表 1，如图 6-13 所示，如果原始数字信号是单极性码，则需要先变换为双极性不归零码再与载波相乘。波形变换过程如图 6-14 所示。

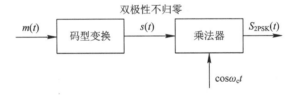

图 6-13　模拟调制法产生 2PSK 信号

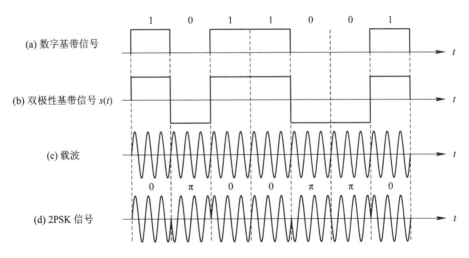

图 6-14　利用直接调相法产生 2PSK 信号

（2）相位选择法。

用数字基带信号 $s(t)$ 控制开关电路对不同相位的信号进行选通。此种情况下 $s(t)$ 通常是单极性的，如图 6 - 15 所示。

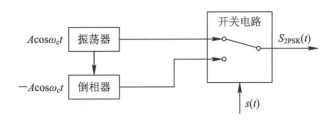

图 6 - 15　相位选择法生成 2PSK 信号原理

2）2PSK 解调

2PSK 信号两种频率相同，无法采用分路滤波的方式进行分解；它可看作是双极性基带作用下的 DSB 信号，因此，也不适合采用包络检波来解调，只能采用相干解调，对 2PSK 信号来说又可称为极性比较法。原理如图 6 - 16 所示。

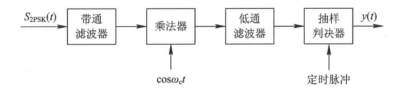

图 6 - 16　2PSK 相干法解调原理

从 2PSK 信号提取的载波信号存在两种可能的相位，即 0 相和 π 相，这种相位的不确定性造成解调出的数字基带信号与发送的数字基带信号有可能会相反，即"1"变为"0"，"0"变为"1"，这就是相位模糊现象。造成这种现象的原因是 2PSK 信号的参考是一个固定初相的未调载波。如果在解调时有与之同频同相的载波进行同步，则可解决相位模糊现象。如果同步不完善，有相位偏差，则会造成错误判决。

2. DPSK 调制与解调

2PSK 信号中，相位变化是以未调载波的相位作为参考基准的。由于它利用载波相位的绝对数值表示数字信息，所以又称为绝对相移。2PSK 中存在相位模糊现象使基带信号恢复中出现"0""1"倒置，造成使用时的一些困难，采用二进制差分相移键控方式（2DPSK）技术则可克服这个缺点。

2DPSK 与 2PSK 不同之处在于其采用相对相移信号，又称相对调相技术。具体说来，它利用前后相邻码元的载波相对相位变化传递数字信息。若前后相邻码元的载波相位差为

$$\Delta\varphi = \begin{cases} 0，表示 "0" \\ \pi，表示 "1" \end{cases} \qquad (6-11)$$

可以将二进制数字信息与其对应的 2DPSK 信号的载波相位关系表示为表 6-1 内容。

表 6-1　2DPSK 载波相位关系

二进制数字信息		1	0	1	0	0	1	1	0	1
2DPSK 相位	(π)	0	0	π	π	π	0	π	π	0
或者	(0)	π	π	0	0	0	π	0	0	π
绝对码 a_n		0	1	0	1	1	0	0	1	0
相对码 b_n	(0)	0	1	1	0	1	1	1	0	0

对应的波形如图 6-17 所示。从图中可以看出，2DPSK 波形的相位不与二进制数字信息的符号一一对应，它的相位只与前后码元的相对相位有关系。因此在解调 2DPSK 信号时，只需要前后码元的相对关系保持不变，就可以鉴别这个关系，从而正确恢复数字信息，避免了 2PSK 的相位模糊现象。

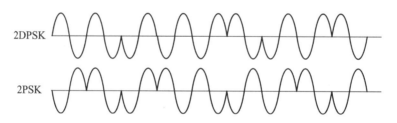

图 6-17　二进制数字信息 101001101 对应的 2DPSK 波形和 2PSK 波形

从图中还可以看出，仅仅通过波形是无法区分 2DPSK 与 PSK 信号的。只有知道了采用的是何种移相键控方式，才能正确还原信息。此外，相对移相信号可以看到是把数字信息序列（绝对码）变换成相对码，再根据相对码进行绝对移相而形成，那么就可以借助绝对移相实现相对移相，进而达到 2DPSK 调制与解调的目的。

相对码可记作 $\{b_n\}$，它可以通过绝对码 $\{a_n\}$ 来转换得到，这一过程又称差分编码，即对数据以差分的形式进行编码，出现 0 还是 1 是由当前码元与前一码元的相同或不同来决定。绝对码和相对码的转换关系为

$$\begin{cases} b_n = a_n \oplus b_{n-1} \\ a_n = b_n \oplus b_{n-1} \end{cases} \tag{6-12}$$

将相对码转换为绝对码则称为差分译码。

（1）2DPSK 调制。

2DPSK 的信号对于绝对码 $\{a_n\}$ 来说是相对信号，但是对于 $\{b_n\}$ 来说则是绝对信号，因此，可以先对二进制数字基带信号进行差分编码，把表示数字信息序列的绝对码变换成相对码（差分码），再根据相对码进行绝对调相，从而产生二进制差分相移键控信号。整个过程如图 6-18 所示。

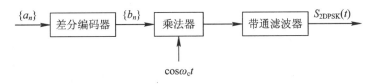

图 6 - 18　2DPSK 调制信号的产生原理

（2）2DPSK 解调。

可以采用差分相干解调法，在没有噪声的情况下，让相移序列为 $\varphi(k)$ 的信号进入检测器，把后一时刻相位与前一时刻比较，两者若不相同，则输出 1，相同输出为 0。这种方法不需要恢复本地载波，只要把 2DPSK 信号延迟一个码元的时间间隔再与 2DPSK 信号自身相乘即可，乘法器就相当于鉴相器。相乘的结果经过低通滤波和抽样判决就可恢复出原始信息，无须差分编码。原理如图 6 - 19 所示。

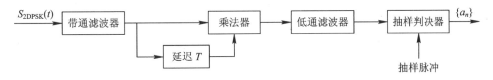

图 6 - 19　2DPSK 信号解调原理

三、实验设备

1. 硬件平台

（1）XSRP 软件无线电平台一台。

（2）电脑一台。

（3）数字示波器一台。

2. 软件平台

（1）XSRP 软件无线电平台集成开发软件。

（2）MATLAB 软件。

四、实验内容

（1）观测并记录不同参数 2PSK 仿真波形和示波器实测波形。

① 数据类型配置为 10 交替数据，数据长度配置为 10，采样率为 30 720 000，码元速率为 307 200，载波频率为 614 400 Hz，解调载波初相位为 0，无噪声，如图 6 - 20 所示，观测并记录软件仿真波形及示波器实测波形。

图 6 - 20　2PSK 实验参数配置

· 点击"开始运行"按钮，将码型变换后信号拖动到已调信号的位置，观测码型变换后信号和已调信号的仿真波形，并记录波形和分析结果。

· 点击实验原理标签页 实验原理 实验现象，双击基带信号的探图 会弹出波形显示框图，在输出到 DA 处选择输出到 CH1，用示波器通道 1 显示，观察基带信号波形，记录基带信号波形和频谱。

· 关掉波形显示的界面，双击已调信号的探图 会弹出波形显示框图，在输出到 DA 处选择"输出到 CH2"，用示波器通道 2 显示，观察已调信号波形，并记录已调信号波形和频谱。

· 返回到实验现象标签页，观察解调过程的波形，并记录波形和分析结果。

· 返回到"实验原理"标签页，依次双击带通滤波后信号、乘相干载波后信号、低通滤波后信号和解调信号对应的探图，用示波器显示，观察信号时域波形并记录。

② 数据类型配置为 10 交替数据，数据长度配置为 10，采样率为 30 720 000 Hz，码元速率为 307 200，载波频率为 614 400 Hz，解调载波初相位为 180。在无噪声的情况下，观测软件仿真波形，思考解调载波初相位的改变对解调信号的影响。

③ 数据 10011010，采样率为 30 720 000 Hz，码元速率为 307 200，载波频率为 614 400 Hz，解调载波初相位为 180，有噪声的情况下，观测软件仿真波形及示波器实测波形及频谱，分析噪声带来的影响。

（2）2PSK 调制解调：生成长度为 256 的随机 bit，载波频率为 1 228 800 Hz。

① 进行 2PSK 调制。

② 加入 10 dB 的噪声解调，载波初相位为 180，进行 PSK 解调。

③ 统计不同信噪比下误码数（-5 dB 与 20 dB），绘制出-5 dB 与 20 dB 下的基带信号、已调信号、解调信号波形图，并将基带信号和解调信号分别输出到 CH1、CH2，用示波器观察信号波形和频谱。

（3）观测并记录不同参数 2DPSK 仿真波形和示波器实测波形。

① 数据类型配置为 10 交替数据，数据长度配置为 10，采样率为 30 720 000 Hz，码元速率为 307 200，载波频率为 614 400 Hz，无噪声，如图 6-21 所示，观测并记录软件仿真波形及示波器实测波形。

图 6-21 实验参数配置

· 点击"开始运行"按钮，点击实验现象标签页，观测已调信号的仿真波形，并记录波形，分析由绝对码到相对码再到差分编码的变换过程。

· 点击实验原理标签页 实验原理 实验现象，双击基带信号的探图 ，在输出到 DA 处选择输出到 CH1，用示波器通道 1 显示，观察基带信号波形及频谱。

· 双击已调信号的探图 ，在输出到 DA 处选择输出到 CH2，用示波器通道 2 显示，观察已调信号波形及频谱。

· 返回到实验现象标签页，观察解调过程的波形，将过程波形记录，并分析解调过程及原理。

· 返回到实验原理标签页，依次双击带通滤波后信号、相干解调后信号、低通滤波后信号、抽样判决后信号和解调信号对应的探图，用示波器显示，观察信号时域波形。

② 数据类型配置为随机数据，数据长度配置为 20，采样率为 30 720 000 Hz，码元速率为 307 200，载波频率为 614 400 Hz。在有噪声的情况下，观测软件仿真波形及示波器实测波形，分析噪声对调制解调过程带来的影响。

(4) 2DPSK 调制解调：生成长度为 10 的信源 bit[1,0,0,1,1,0,0,1,1,0]。

① 对信源进行差分变换，将差分变换后的单极性码变为双极性码。

② 用 614 400 Hz 载波进行调制。已调信号加 10 dB 高斯白噪声，将基带信号和已调信号分别用 CH1、CH2 输出到示波器。

③ 2DPSK 解调采用相干解调，统计误码数，打印调制解调过程中信源、差分后信号、已调信号、带通滤波后信号、乘相干载波后信号、低通滤波后信号、抽样判决后信号和解调信号的波形。

思考题

比较 ASK、FSK、2PSK、2DPSK 调制信号的频谱并做分析，进而分析几种调制方式的优缺点。

第 7 章　模拟信号的数字传输

　　要对模拟信号实现数字化的传输，就要把模拟信号变为数字信号。首先，发送端要对模拟信号按照一定的采样间隔进行抽样，并得到一系列时域离散的值，然后，把这些抽样值进行量化和编码以形成数字信号，再利用数字方式进行传输，在接收端则把收到的数字信号还原成模拟信号，整个过程如图 7-1 所示。这个过程中，有三个核心步骤：① 抽样以对模拟信号进行时域离散化；② 量化以完成值域离散化；③ 量化以利用二进制或多进制进行编码。抽样要保证信息不被丢失，量化要保证信号的质量不损失，编码要有利于信号的表示。通过这三个过程将模拟信号转换为数字信号的过程称为脉冲编码调制（pulse code modulation，PCM），它用脉冲码组代表模拟信号的采样值，是一种脉冲数字调制方式。除PCM 外，还有增量调制技术（delta modulation，DM），它把消息序列编码为一串二进制符号，用调制器输出脉冲函数的极性来表示二进制符号。当信道噪声比较小时，一般用 PCM调制；否则，用 DM 调制。

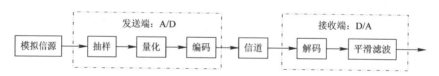

图 7-1　模拟信号的数字传输过程

7.1　均匀量化 PCM 编译码实验

一、实验目的

　　（1）掌握抽样信号的量化原理。
　　（2）掌握脉冲编码调制的原理。
　　（3）掌握通过 MATLAB 编程实现均匀量化 PCM 编译码。

二、实验原理

　　对模拟信号抽样后的信号在时域上是离散的，但其幅度仍是连续变化的，可以有无限多个取值，所以，还需要在值域上进一步离散化才能进行编码。PCM 在进行编码时，利用预先规定的有限个电平来表示模拟抽样的值，这样就把连续的值变为离散且有限的值，称为幅度量化。量化后的值又叫量化电平，一般来说，量化电平编为二进制序列。当抽样值位于某个量化值附近时，就用这个量化值代替实际抽样值。量化值的个数称为量化级数，相邻两个量化值之差称为量化间隔。

由于用量化值近似代替了实际抽样值，因而造成了量化误差：

$$e(t) = 量化值 - 抽样值$$

量化误差就是信息损失，它在电路中形成了量化噪声，影响了通信系统的质量，成为数字通信系统主要的噪声来源。

量化可分为标量量化和矢量量化。标量量化对每个信源的量单独量化，矢量量化把信源按组进行量化。根据量化间隔是否相等，可以把标量量化分为均匀量化和非均匀量化。均匀量化(uniform quantization)是指把输入信号的取值域等间隔分割，其特点是各量化区间的宽度（即宽阶）相同。均匀量化时，量化噪声都是相同的，信号大时信噪比大，信号小时信噪比小。由于小信号的出现概率大，要得到小的信噪比就要把量化间隔减小，但是这要求提高信号的量化级数，那么信号的代码数也将增多，随之而来要求更高的传输速率。因此，均匀量化要达到相同的信噪比，占用的带宽要大，好处是均匀量化的编解码难度较低。

三、实验设备

1. 硬件平台

（1）XSRP 软件无线电平台一台。

（2）电脑一台。

（3）数字示波器一台。

2. 软件平台

（1）XSRP 软件无线电平台集成开发软件。

（2）MATLAB 软件。

四、实验内容

（1）观测并记录不同配置参数下均匀量化 PCM 编解码仿真波形和示波器实测波形。

① 抽样率配置为信号幅度为 10，量化器动态范围 Un 为 10，信号频率为 10 Hz，抽样频率为 500 Hz，编码位数为 3，如图 7-2 所示。

图 7-2　实验参数配置

· 点击"开始运行"按钮，可以同时得到数据源、抽样脉冲、抽样后数据、量化后数据、量化误差、PCM 编码数据、PCM 译码后数据、低通滤波后数据共 8 个波形，以及在量噪比、抽样后数据、量化级序号、量化后数据、PCM 编码、PCM 译码共 6 个输出显示框中显示出相应的数据，记录波形及数据。

· 在 DA 输出处选择示波器 CH1 输出抽样后数据对应的波形，CH2 输出量化后数据对应的波形，观察示波器的实测波形及频谱。

② 抽样率配置为信号幅度为 10，量化器动态范围 Un 为 10，信号频率为 10 Hz，抽样频率为 500 Hz，编码位数为 5，重复上述实验步骤。

③ 抽样率配置为信号幅度为 10，量化器动态范围 Un 为 10，信号频率为 10 Hz，抽样频率为 500 Hz，编码位数为 7，重复上述实验步骤。

（2）产生一个幅度为 10、频率为 100 Hz 的正弦波，当编码位数为 3 时，对信号进行抽样、均匀量化、PCM 编码并译码。分别绘制出信号源、抽样后、量化后、量化误差、PCM 编码后、PCM 译码后波形图，并将抽样后波形和量化后波形分别输出到 CH1 和 CH2，用示波器观察并记录。

思 考 题

产生一个输入正弦波进行抽样和均匀量化，改变抽样频率、量化级数和信号大小，量化误差和量化信噪比。在同一个坐标轴上画出原信号和已量化信号，比较不同情况下的量化信噪比。

7.2 非均匀量化 PCM 编译码实验

一、实验目的

（1）掌握抽样信号的量化原理。
（2）掌握脉冲编码调制的原理。
（3）掌握通过 MATLAB 编程实现非均匀量化 PCM 编译码。

二、实验原理

1. 非均匀量化原理

如果采用均匀量化方法，则当信号较小时，量化误差大，信号的信噪比小，往往达不到要求，这就相当于限制了输入信号的动态范围。因此，小信号时往往采用非均匀量化方式。

非均匀量化时量化间隔不是均匀选取的，而是根据需求选择不同的量化间隔，使得小信号时分层密、量化间隔小，大信号时分层疏、量化间隔大。对于小信号，量化间隔变小，则量化噪声功率下降，量化信噪比提高；对于大信号，量化间隔增大，则量化噪声功率提高，但信号功率比较大，故量化信噪比可以保持恒定。

非均匀量化的一个方法是采用压缩扩张技术，简称压扩技术，如图 7-3 所示。在输入端，用一个非线性变换电路对输入信号进行压缩处理，对大信号进行压缩，对小信号进行放大。信号经过这种非线性压缩电路处理后，改变了大信号和小信号之间的比例关系，使大信号的比例基本不变或变得较小，而小信号相应地按比例增大，即"压大补小"，然后进行均匀量化和编码，这样就相当于对原信号进行了非均匀量化。在接收端，则采用与发送端特性相反的一个扩张器来恢复信号，它是压缩的逆过程。信号压缩端和扩张端合起来就构成了一个压扩器。

图 7 - 3　非均匀量化的过程

非均匀量化广泛采用两种对数压缩：美国和加拿大采用 μ 压缩律，我国和欧洲各国均采用 A 压缩律。

μ 压缩律的压扩特性为

$$y = \frac{\ln(1+\mu x)}{\ln(1+\mu)} \quad (0 \leqslant x \leqslant 1) \tag{7-1}$$

其中，y 是归一化的输出电压；μ 是一个参数，$\mu=0$ 时没有压缩，μ 值越大，压缩效果越明显。在标准 μ 压缩律中，$\mu=255$。

A 压缩律的压扩特性为

$$y = \begin{cases} \dfrac{Ax}{1+\ln A} & \left(0 \leqslant x \leqslant \dfrac{1}{A}\right) \\ \dfrac{1+\ln Ax}{1+\ln A} & \left(\dfrac{1}{A} \leqslant x \leqslant 1\right) \end{cases} \tag{7-2}$$

其中，A 为压扩参数，表示压扩程度。$A=1$ 时无压缩，A 值越大，压缩效果越明显，见图 7 - 4。A 压缩律的压扩特性是连续曲线，实际中往往采用近似于 A 压缩律函数规律的 13 折线($A=87.6$)的压扩特性。这样既基本保持了连续压扩特性曲线的优点，又便于用数字电路来实现。

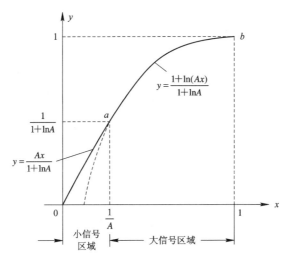

图 7 - 4　A 压缩律的压扩特性

2. 非均匀量化 PCM 编码与解码

无论 μ 压缩律还是 A 压缩律，其特性都是连续曲线，函数规律比较复杂，在电路上实现难度较大。为了尽可能减小误差，采用 15 折线逼近 μ 律压扩，其特性接近于 $\mu=255$；采用 13 折线逼近 A 律压扩，其特性接近于 $A=87.6$，如图 7-5 所示。

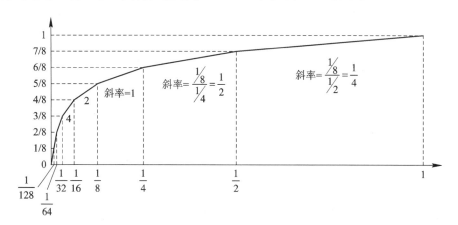

图 7-5 A 律压扩 13 折线(第一象限)

· 将 x 轴在 0～1(归一化)范围内不均匀分成 8 段，分段的规律是：每次以二分之一对分。

· 将 y 轴在 0～1(归一化)范围内均匀分成 8 段，每段间隔均为 1/8。

· 将 x、y 各个对应段的交点连接起来，构成 8 个折线段。

· 第 1、2 段斜率相同(均为 16)，因此可视为一条直线段，故实际上只有 7 根。

在 13 折线法中，无论输入信号是正是负，均用 8 位折叠二进制码来表示输入信号的抽样量化值，如图 7-6 和图 7-7 所示。折叠码先把信号分成正负 2 个半区，正半区首位全为 1，负半区首位全为 0；正半区的最小值到最大值的后几位按自然二进制码递增；负半区的码的后几位与正半区成镜像(即折叠)关系。其中，用第一位表示量化值的极性，其余七位(第二位至第八位)则表示抽样量化值的绝对大小。具体的做法是：用第二至第四位表示段落码，它的 8 种可能状态分别代表 8 个段落的起点电平，如图 7-8 所示。其他四位表示段内码，它的 16 种可能状态分别代表每一段落的 16 个均匀划分的量化级。这样处理的结果，使 8 个段落被划分成 $2^7=128$ 个量化级。上述编码方法是把压缩、量化和编码合为一体的方法。

图 7-6 8 位折叠码   图 7-7 A 律编码规则

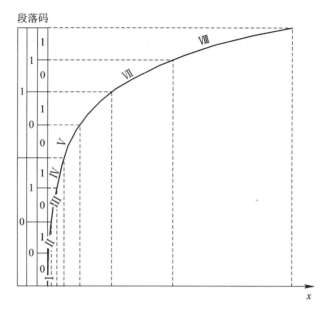

图 7 - 8　正半轴段落编号

由于 13 折线各段的长度不同，因此，各段内的量化间隔也不相同。第一段、第二段最短，只有归一化值的 1/128，再将它等分 16 份，则每个量化级间隔为

$$\Delta = \frac{1}{128} \times \frac{1}{16} = \frac{1}{2048} \tag{7-3}$$

式中：Δ 表示最小的量化间隔，称为一个量化单位，它仅有输入信号归一化值的 1/2048。第八段最长，它的每个量化级间隔为

$$\frac{1}{2} \times \frac{1}{16} = \frac{1}{32} = 64\Delta \tag{7-4}$$

即第八段的量化级间隔包含 64 个最小量化间隔 Δ。具体情况见表 7 - 1。

表 7 - 1　段落起始电平和段内量化间隔

段落序号 $I = 1 \sim 8$	段落码 $c_2 c_3 c_4$	段落范围 /（量化单位）	段落起始电平 /（量化单位）	段内量化间隔 /（量化单位）
8	1 1 1	1024～2048	1024	64
7	1 1 0	512～1024	512	32
6	1 0 1	256～512	256	16
5	1 0 0	128～256	128	8
4	0 1 1	64～128	64	4
3	0 1 0	32～64	32	2
2	0 0 1	16～32	16	1
1	0 0 0	0～16	0	1

　　PCM 译码相对较为简单，利用第一位判断极性，将编码相对的段落码、段内码等恢复成十进制信号，从而判断出段落位置和量化级序号。为了减小量化误差，用量化间隔的中间值作为译码值，即给量化间隔起始电平增加段内量化间隔的中间值 $\Delta/2$ 即可。

三、实验设备

1. 硬件平台

（1）XSRP 软件无线电平台一台。

（2）电脑一台。

（3）数字示波器一台。

2. 软件平台

（1）XSRP 软件无线电平台集成开发软件。

（2）MATLAB 软件。

四、实验内容

　　（1）观测并记录不同配置参数下非均匀量化 PCM 仿真相关波形和示波器实测波形。

　　① 信号幅度为 10，信号频率为 10 Hz，抽样频率为 100 Hz，如图 7-9 所示，观测并记录软件仿真波形和示波器实测波形。

图 7-9　实验参数配置

　　· 点击"开始运行"按钮，可以同时得到数据源、抽样脉冲、抽样后数据、归一化数据、压缩后数据/13 折线压缩特性、量化后数据、量化误差、PCM 编码后数据、PCM 译码后数据、低通滤波后数据共 10 幅相应的仿真图，以及量噪比、抽样后数据、归一化数据、压缩后数据、量化后数据、极性码、段落序号、量化级序号、PCM 编码、译码后数据共 10 个输出显示框中显示出的相应数据，记录相关波形和数据，并对每一步的结果进行分析解释。

　　· 在 DA 输出处选择，示波器 CH1，输出抽样后数据对应的波形，CH2 输出量化后数据对应的波形，观察示波器的实测波形并记录。

　　② 在信号幅度为 10，信号频率为 10 Hz，抽样频率为 500 Hz 的情况下，重复（1）中的步骤。

　　（2）产生一个幅度为 10、频率为 10 Hz 的正弦波。

　　① 对信号进行抽样、压缩、非均匀量化并译码。

　　② 分别绘制出信号源、抽样后、抽样后压缩特性、量化后、量化误差、编码后、译码还原后数据波形图。

　　③ 将归一化后输入数据和归一化后压缩数据分别输出到 CH1 和 CH2，用示波器观察

波形并记录。

（3）对（2）中的信号做出 μ 律 15 折线下非均匀量化 PCM 编译码实验。

（4）读取 PCM 编码后数据 mat 文件，并对编码数据进行 13 折线译码后绘制出译码还原后的语音波形图，最后将译码后的数据写入语音 wav 文件，并播放该语音。

思 考 题

（1）信道加入噪声后（SNR＝5 dB、20 dB），完成实验内容 4，播放写入后的 wav 文件，要求写入后的 wav 文件能抑制信道的噪声。

（2）量化有没有反变换？对通信有何影响？从实验中看对波形影响有多大？

（3）在实际的通信系统中，收端译码部分的定时怎样获得？

第8章 位同步实验

为了保证收、发两端的信号在时间上步调一致，使接收端能正确还原发送端的信号，系统必须同步。同步系统按实现方式可分为外同步和自同步两种，按功能可分为载波同步、位同步、帧同步、网同步等。不论是模拟还是数字系统，只要采用相干解调就要用到载波同步，但位同步只有数字通信系统才需要。

一、实验目的

(1) 掌握位同步信号的原理。

(2) 掌握滤波法位同步信号提取的原理和方法。

(3) 掌握通过 MATLAB 编程滤波法位同步信号的提取。

二、实验原理

数字通信系统传送的信号本质上是各种码元序列，发送端传送数据时是连续地发送一个个码元，而每个码元又会持续一段时间，因此，接收端必须知道每个码元的起始时刻，使收发步调一致，发送端发出一个码元，接收端就要识别出一个码元。接收端的抽样判决对应于每个码元的终止时刻，因此，接收端需要一个定时脉冲序列来判断码元的终止时刻。一般来说，发送端发送信息时，也会产生一个定时脉冲序列，接收端只要把这个序列从收到的信息中正确地提取出来，就可以实现收发同步。这个提取定时脉冲序列的过程叫作位同步，或称码元同步，这个脉冲序列称为码元脉冲或位同步脉冲。

将位同步技术应用于数字通信系统，在进行基带传输时便不存在载波同步问题，但位同步却是基带传输和频带传输都需要的。位同步提取的应该是频率等于码速率、相位与最佳抽样判决时刻一致的脉冲信号。

实现位同步的方法有外同步法和自同步法两种。自同步法又分为滤波法、锁相法等。自同步法是一种直接生成位同步脉冲的方法，不用外部发送导频信号，直接从数字信号中提取位同步信号。

1. 滤波法

对于频带不受限制的传输系统，信号是比较好的方波时，可以用微分整流法或延迟相乘法从接收信号中提取位同步信号。图 8-1 所示是微分整流法的原理。由不归零的随机二进制序列无法直接提取位同步信号，但经放大限幅后，利用微分全波整流将其变为单极性归零码元,再由窄带滤波器滤出速率分量,移相电路调整其相位后即可由脉冲形成器得到所需要的码元同步脉冲。波形变化过程如图 8-2 所示。

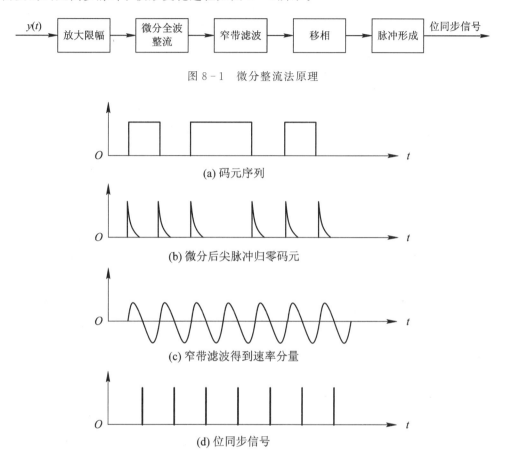

图 8-1　微分整流法原理

(a) 码元序列

(b) 微分后尖脉冲归零码元

(c) 窄带滤波得到速率分量

(d) 位同步信号

图 8-2　微分整流法波形

延迟相乘滤波法则利用输入信号与自身的延迟信号相乘得到尖脉冲,后续步骤和微分整流法一致。

2. 锁相法

锁相法用锁相环路代替一般窄带滤波器来提取位同步信号,在接收端利用鉴相器比较接收码元和本地产生的位同步信号的相位,如果两者相位不一致,鉴相器就会产生误差信号,此误差信号用于调整位同步信号的相位,直至获得精确的位同步信号为止。锁相环路由晶振、分频器、相位比较器和控制器组成。晶振产生的信号经整形电路变成周期性脉冲,经控制器送入分频器,输出位同步脉冲序列。这里要求接收码元的速率与位同步脉冲的重复速率保持一致。若晶振输出经分频后不能准确地与接收到的码元同频同相,则要根据相位比较器的误差信号,通过控制器对分频器的输出进行调整。其中常开门是扣除门,常闭门是附加门。如果分频器输出超前,则加到常开门禁止端,扣除一个脉冲信号,令分频器输出相位脉冲推后;若滞后,则加到常闭门,这个门不调整时是封闭的,收到滞后脉冲消息后常闭门会打开,让一个脉冲去或门,或门再令这个脉冲通过,加到分频器的输入端,这样就使分频器的输出相位提前了。经过反复的调整,最终达到位同步的效果。锁相环结构如图 8-3 所示。

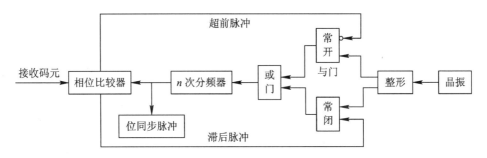

图 8-3 锁相环结构

锁相环结构本质上是一个反馈调整回路,每个超前和滞后脉冲仅能调整一步,如果遇到连 0 或连 1 的情况,锁定时间就会变长,但这种结构可以自动调节,因此当码元消失或码元相位出现抖动时,同步脉冲不会出现较大变化,仍然可以输出稳定的同步脉冲。

三、实验设备

1. 硬件平台

（1）XSRP 软件无线电平台一台。

（2）电脑一台。

（3）数字示波器一台。

2. 软件平台

（1）XSRP 软件无线电平台集成开发软件。

（2）MATLAB 软件。

四、实验内容

（1）在随机 bit 数据长度配置为 10,采样率为 30 720 000 Hz,码元速率为 1 536 000 的情况下,记录仿真波形及示波器实测波形,如图 8-4 所示。

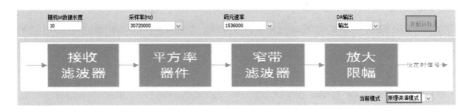

图 8-4 实验参数配置

（2）生成随机 100 bit 数据源,对比特数据进行 CMI 变换进行脉冲成形,成形后的数据经过全波整流,最后进行窄带滤波,提取峰值位置(即位定时脉冲位置)。将脉冲成形数据和过采样数据分别输出到 CH1、CH2,观察眼图。(CMI 码"0"码用"01"码表示,"1"码用交替的"00""11"表示。信息码流中具有很强的时钟分量,便于从信号中提取时钟信息)

思 考 题

若将 AMI 码或 HDB3 码整流后作为数字环位同步器的输入信号，能否提取出位同步信号？为什么？对这两种码的连"1"个数有无限制？对 AMI 码的信息代码中连"0"个数有无限制？对 HDB3 码的信息代码中连"0"个数有无限制？为什么？

第三部分

提高实验

第 9 章　GMSK 调制解调实验

数字调制技术是现代通信的关键技术，它具有抗干扰能力强、易于处理等诸多优点。已存在的恒包络调制技术可以达到非线性信道的传输要求，但仍然存在相位突变问题，会导致频谱扩展对相邻信道造成干扰。为此，就需要寻找一种更优越的调制方式，它要求信号具有恒定的包络、连续的相位、频谱尽可能集中在主瓣，旁瓣滚降衰减快等适合非线性信道传输的特点，满足以上要求的恒包络连续相位调制技术应运而生。MSK 和 GMSK 是恒包络连续相位调制技术的典型代表，常用于移动通信等领域。

一、实验目的

(1) 理解 MSK、GMSK 调制的原理和实现方法。

(2) 理解 GMSK 解调的原理和实现方法。

(3) 掌握基于 XSRP 软件无线电平台的虚拟仿真和真实测量的实验方法。

二、实验原理

1. MSK 调制的基本原理

MSK 是二进制连续相位移频键控(CPFSK)的一个特例，也是它的改进型。MSK 能够产生恒定包络、连续相位的信号，在相邻码元交替点的相位是连续的，而且具有正交信号的最小频率间隔 $1/(2T_b)$（T_b 为输入数据的比特流）。有时我们也把 MSK 称为快速频移键控(FFSK)。这种调制方式在保证良好误码性能的条件下能以最小的调制指数获得正交信号，并且在同样的频带内，MSK 与 2PSK 相比，数据传输速率更高，带外旁瓣衰减更快。MSK 信号的第 k 个码元的时域表达式为

$$S_k(t) = \cos\left(\omega_c t + \frac{a_k \pi}{2T_b} t + \varphi_k\right) \qquad (kT_b \leqslant t \leqslant (k+1)T_b) \qquad (9-1)$$

式中，ω_c（$\omega_c = 2\pi f_c$）为载波角频率；当输入码元为"1"时，$a_k = +1$，当输入码元为"0"时，$a_k = -1$；T_b 为码元持续时间，也称码元宽度；φ_k 为第 k 个码元的相位常数，在时间范围 $kT_b \leqslant t \leqslant (k+1)T_b$ 内，φ_k 是恒定不变的，确保了在 $t = kT_b$ 时刻信号的相位是连续的。

MSK 的频率间隔为

$$\Delta f = f_1 - f_0 = \frac{1}{2T_b} \qquad (9-2)$$

那么可以得出调制指数 h 的表达式为

$$h = \Delta f T_b = \frac{1}{2T_b} \times T_b = 0.5 \qquad (9-3)$$

所以我们可以认为 MSK 是调制指数为 0.5 的 CPFSK，它的最大频移是 1/4 比特速率。为了确保 MSK 信号在码元切换时相位是连续的，应该对第 k 个码元的相位常数 φ_k 进行适当选择。为了分析方便，我们定义：

$$\theta(t) = \frac{a_k \pi}{2T_b} t + \varphi_k \qquad (kT_b \leqslant t \leqslant (k+1)T_b) \qquad (9-4)$$

其中，φ_k 值要确保 MSK 信号在 $t = kT_b$ 时刻载波相位 $\theta(t)$ 是连续的，就需要保证前一码元 a_{k-1} 在 kT_b 时刻的载波相位 $\theta_{k-1}(kT_b)$ 与当前码元 a_k 在时刻 kT_b 的载波相位 $\theta_k(kT_b)$ 是相等的。即需满足如下关系：

$$\theta_{k-1}(kT_b) = \theta_k(kT_b)$$

$$\Rightarrow \frac{a_{k-1}\pi}{2T_b}(kT_b) + \varphi_{k-1} = \frac{a_k \pi}{2T_b}(kT_b) + \varphi_k$$

$$\Rightarrow \varphi_k = \frac{k\pi}{2}(a_{k-1} - a_k) + \varphi_{k-1}$$

$$\Rightarrow \varphi_k = \begin{cases} \varphi_{k-1} & (a_{k-1} = a_k) \\ \varphi_{k-1} \pm k\pi & (a_{k-1} \neq a_k) \end{cases} \qquad (9-5)$$

还可以看出，MSK 信号前后两个码元存在着相关性，在每个码元周期内载波相位 $\theta(t)$ 变化总量是 $\pm \pi/2$。当 $a_k = 1$ 时，增大 $\pi/2$；当 $a_k = -1$ 时，减小 $\pi/2$，因此，$\theta(t)$ 在每个码元结束时刻必定是 $\pi/2$ 的整数倍。若假设 $\theta(0) = 0$，则可以用图 9-1 所示的相位网格图来表示 $\theta(t)$ 随时间变化的规律。其中，不同的信息序列对应不同的相位路径。例如，图 9-1 中粗线对应的信息序列是 11010100。

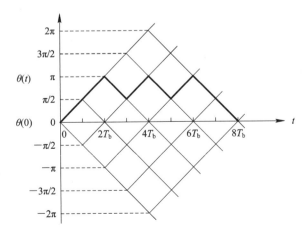

图 9-1　MSK 信号的相位网格图

根据式(9-1)进行三角函数展开后化简，MSK 信号可进一步写成两个正交分量的表示：

$$S_k(t) = \cos(\omega_c t + \theta_k(t)) = \cos\theta_k(t)\cos\omega_c t - \sin\theta_k(t)\sin\omega_c t$$

$$\Rightarrow S_k(t) = \left(\cos\varphi_k \cos\frac{\pi a_k}{2T_b}t - \sin\varphi_k \sin\frac{\pi a_k}{2T_b}t\right)\cos\omega_c t -$$

$$\left(\sin\varphi_k \cos\frac{\pi a_k}{2T_b}t + \cos\varphi_k \sin\frac{\pi a_k}{2T_b}t\right)\sin\omega_c t$$

$$\Rightarrow S_k(t) = p_k \cos\frac{\pi t}{2T_b}\cos\omega_c t - q_k \sin\frac{\pi t}{2T_b}\sin\omega_c t \tag{9-6}$$

其中，式(9-6)右端第一项称为同相分量，其载波为 $\cos\omega_c t$；第二项称作正交分量，其载波为 $\sin\omega_c t$。$p_k = \cos\varphi_k = \pm 1$，$q_k = a_k \cos\varphi_k = \pm 1$，MSK 调制原理如图 9-2 所示。

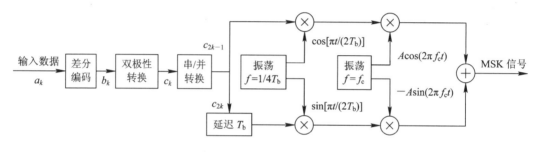

图 9-2 MSK 调制原理图

实现 MSK 调制的过程为：先将输入的基带信号进行差分编码，然后将其分成 I、Q 两路，并互相交错一个码元宽度，再用加权函数对 I、Q 两路数据加权，最后将两路数据分别用于正交载波调制，在接收端使用相干载波最佳接收机解调。

2. GMSK 调制基本原理

MSK 信号的主要优点是包络恒定，并且带外功率谱密度下降快，为了进一步使信号的功率谱密度集中并减小对邻近信道的干扰，可以在进行 MSK 调制前将矩形脉冲信号先通过一个高斯型的低通滤波器，这样的体制称为高斯最小频移键控(Gaussian MSK,GM-SK)。由此可见，GMSK 是 MSK 技术的一种改进形式。其预处理高斯滤波脉冲的是连续无陡峭边沿的，使得经过 MSK 调制后的相位路径更平滑，频谱旁瓣衰减更快。在码元转换时刻，GMSK 通过引入可控的码间干扰把 MSK 相位路径的尖角平滑掉了，消除了 MSK 相位路径在改时刻的相位转折点，因此，频谱特性更优良，能达到移动通信对频谱特性的严格要求。GMSK 与 MSK 的相位路径如图 9-3 所示，从图中还可看出，GMSK 信号在一码元周期内的相位增量，不像 MSK 那样固定为 $\pm\pi/2$，而是随着输入序列的不同而不同。

由前所述，实现 GMSK 调制，关键是设计一个性能良好的高斯低通滤波器，它必须具有如下特性：

(1) 有良好的窄带和尖锐的截止特性，以滤除基带信号中的高频分量。

(2) 具有较低的脉冲响应，防止已调波瞬时频偏过大。

(3) 输出脉冲响应曲线的面积对应的相位为 $\pi/2$，使调制系数为 $1/2$。

以上要求是为了抑制高频分量、防止过量的瞬时频偏以及进行相干解调所需要的。

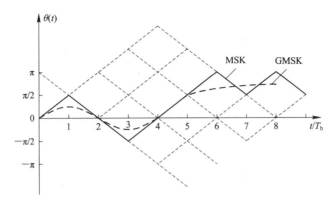

图 9 - 3　GMSK 相位轨迹图

高斯低通滤波器的系统函数和冲激响应分别为

$$\begin{cases} H(f) = e^{-a^2 f^2} \\ h(t) = \dfrac{\sqrt{\pi}}{a} e^{-\pi^2 t^2 / a^2} \end{cases} \tag{9-7}$$

其中，参数 a 和系统函数 $H(f)$ 的 3 dB 带宽有关，且有

$$a = \frac{\sqrt{\ln 2}}{\sqrt{2} B} = \frac{0.5887}{B} \tag{9-8}$$

设不归零矩形脉冲的表达式为

$$x(t) = \frac{1}{2T_b} \left[u\left(t + \frac{T_b}{2}\right) - u\left(t - \frac{T_b}{2}\right) \right] \tag{9-9}$$

其中，$u(t)$ 是阶跃信号。

那么矩形脉冲宽度为 T_b 的单个高斯脉冲响应为

$$\begin{cases} g(t) = x(t) * h(t) = \dfrac{1}{2T_b} \left[Q\left(\dfrac{2\pi B_b (t - T_b/2)}{\sqrt{\ln 2}}\right) - Q\left(\dfrac{2\pi B_b (t + T_b/2)}{\sqrt{\ln 2}}\right) \right] \\ Q(x) = \displaystyle\int_{x\sqrt{2\pi}}^{\infty} \dfrac{1}{\sqrt{2\pi}} e^{-t^2/2} \, \mathrm{d}\tau = \dfrac{1}{2} \dfrac{x}{\sqrt{2}} \end{cases} \tag{9-10}$$

其中，B_b 为 $H(f)$ 的 3 dB 带宽。

为了方便 GMSK 信号的解调，高斯低通滤波器的输入信号往往是经过差分预编码和进一步处理的双极性不归零码（NRZ）。它的表达式为 $m(t) = \sum a_n b(t - nT_b)$，其中：

$a_n = \pm 1$，$b(t) = \begin{cases} \dfrac{1}{T_b}, & 0 \leqslant t \mid t \leqslant \dfrac{T_b}{2} \\ 0, & \text{其他} \end{cases}$；那么经过高斯低通滤波器后的输出信号为

$$X(t) = m(t) * h(t) = \sum a_n g(t - nT_b) \tag{9-11}$$

其中，$g(t)$ 为高斯滤波器的矩形脉冲响应。再经过 MSK 调制，便可得到 GMSK 信号的表达式为

$$\begin{cases} S_{\text{GMSK}}(t) = \cos[\omega_c t + \varphi(t)] = \cos\varphi(t)\cos\omega_c t - \sin\varphi(t)\sin\omega_c t \\ \varphi(t) = \dfrac{\pi}{2T_b} \displaystyle\int_{-\infty}^{t} a_n g\left(\tau - nT_b - \dfrac{T_b}{2}\right) \mathrm{d}\tau \end{cases} \tag{9-12}$$

根据式(9-11)可见，可以采用正交相位调制来产生 GMSK 信号。由于理想的 $g(t)$ 是无限长的，在工程实际中常需要利用窗函数原理对 $g(t)$ 截断后进行加窗操作。截断后的相位路径为

$$\varphi(t) = \frac{\pi}{2T_b} \int_{-\infty}^{t} \sum_{n=-\infty}^{\infty} a_n g_T(\tau - nT_b - \frac{T_b}{2}) \mathrm{d}\tau$$

$$g_T(t) = \begin{cases} g(t), & |t| \leqslant \frac{(2N+1)T_b}{2} \\ 0, & \text{其他} \end{cases} \tag{9-13}$$

在实际应用中，常取 $g(t)$ 的截断长度为 $5T_b$，此时，带外能量仅占 1.5124×10^{-8}，能够获得足够的精度。

当 $B_b T_b$ 取不同值时，$g(t)$ 的波形如图 9-4 所示。

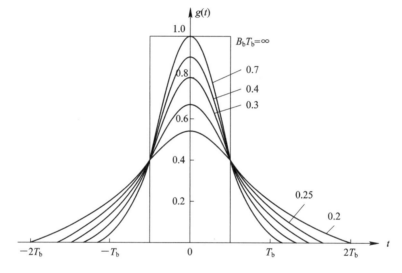

图 9-4 不同 $B_b T_b$ 时矩形脉冲响应

综上，我们可以事先制作 $\cos\theta(t)$ 和 $\sin\theta(t)$ 两张表，根据输入数据读出相应的值，再进行正交调制就可以得到 GMSK 信号，如图 9-5 所示。

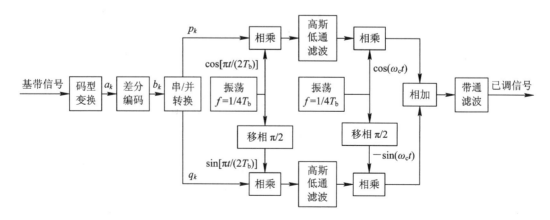

图 9-5 GMSK 原理框图

3. GMSK 解调基本原理

一般情况下，我们按照接收端是否需要恢复出载波相位将解调分为相干解调和非相干解调两类。相干解调需要恢复出载波相位，要求相干载波必须和输入端的调制载波同频同相，而非相干解调不需要恢复出载波相位。本节实验采用的是相干解调，但我们需要明确一点：非相干解调更适用于严重多径衰落的移动或室内的无线通信环境，它有较低的误码门限，可以较少地考虑信道估计，甚至可以忽略，某些时候其实现相比于相干解调成本更低。

已知 $S_{\text{MSK}}(t) = I_k \cos\left(\dfrac{\pi}{2T_b}t\right)\cos\omega_c t + Q_k \sin\left(\dfrac{\pi}{2T_b}t\right)\sin\omega_c t$，对该信号进行正交解调可以得到 I_k 路：

$$
\begin{aligned}
&\left[I_k \cos\left(\frac{\pi}{2T_b}t\right)\cos\omega_c t + Q_k \sin\left(\frac{\pi}{2T_b}t\right)\sin\omega_c t\right]\cos\omega_c t \\
&= \frac{1}{2}I_k \cos\left(\frac{\pi}{2T_b}t\right) + \frac{1}{4}I_k \cos\left[\left(2\omega_c + \frac{\pi}{2T_b}\right)t\right] + \frac{1}{4}I_k \cos\left[\left(2\omega_c - \frac{\pi}{2T_b}\right)t\right] \\
&\quad - \frac{1}{4}Q_k \cos\left[\left(2\omega_c + \frac{\pi}{2T_b}\right)t\right] + \frac{1}{4}Q_k \cos\left[\left(2\omega_c - \frac{\pi}{2T_b}\right)t\right]
\end{aligned} \tag{9-14}
$$

Q_k 路：

$$
\begin{aligned}
&\left[I_k \cos\left(\frac{\pi}{2T_b}t\right)\cos\omega_c t + Q_k \sin\left(\frac{\pi}{2T_b}t\right)\sin\omega_c t\right]\sin\omega_c t \\
&= \frac{1}{2}Q_k \sin\left(\frac{\pi}{2T_b}t\right) + \frac{1}{4}I_k \sin\left[\left(2\omega_c + \frac{\pi}{2T_b}\right)t\right] + \frac{1}{4}I_k \sin\left[\left(2\omega_c - \frac{\pi}{2T_b}\right)t\right] \\
&\quad - \frac{1}{4}Q_k \sin\left[\left(2\omega_c + \frac{\pi}{2T_b}\right)t\right] + \frac{1}{4}Q_k \sin\left[\left(2\omega_c - \frac{\pi}{2T_b}\right)t\right]
\end{aligned} \tag{9-15}
$$

这里需要的是 $\dfrac{1}{2}I_k \cos\left(\dfrac{\pi}{2T_b}t\right)$、$\dfrac{1}{2}Q_k \sin\left(\dfrac{\pi}{2T_b}t\right)$ 两路信号，所以，必须将其他频率成分 $\left(2\omega_c + \dfrac{\pi}{2T_b}\right)$、$\left(2\omega_c - \dfrac{\pi}{2T_b}\right)$，通过低通滤波器滤除掉，然后对 $\dfrac{1}{2}I_k \cos\left(\dfrac{\pi}{2T_b}t\right)$、$\dfrac{1}{2}Q_k \sin\left(\dfrac{\pi}{2T_b}t\right)$ 采样，即可还原成 I_k、Q_k 两路信号，则其 GMSK 解调原理如图 9-6 所示。

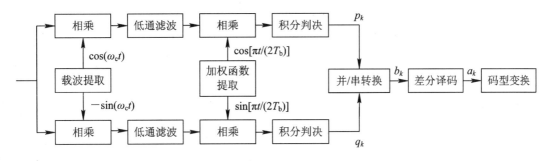

图 9-6　GMSK 解调原理框图

三、实验设备

1. 硬件平台

（1）XSRP 软件无线电平台一台。

（2）电脑一台。

（3）数字示波器一台。

2. 软件平台

（1）XSRP 软件无线电平台集成开发软件。

（2）MATLAB 软件。

四、实验内容

（1）观测并记录不同配置参数下 GMSK 仿真相关波形和示波器实测波形。

① 将数据类型配置为自定义数据，自定义数据为 1101001101，采样率为 30 720 000 Hz，码元速率为 307 200，载波频率为 614 400 Hz，如图 9 - 7 所示。

图 9 - 7 GMSK 调制解调参数配置界面

• 点击"开始运行"按钮，在实验现象页观察并记录基带信号、码型变换后信号、差分编码后信号、串/并转换后 I_k 路和 Q_k 路信号、乘加权系数后 I 路和 Q 路信号，记录实验波形。

• 参照以上实验过程波形变换，对照实验原理进行分析。

② 将数据类型配置为随机数据，数据长度为 20，采样率为 30 720 000 Hz，码元速率为 307 200，载波频率为 614 400 Hz，不添加噪声，如图 9 - 8 所示，重复（1）中步骤。

图 9 - 8 GMSK 调制解调参数配置界面

• 点击"开始运行"按钮，在"实验现象"页观察并记录"高斯低通滤波后 I_k 路和 Q_k 路信号、I_k 路和 Q_k 路已调信号、已调信号"波形，将实验波形记录到"实验记录"中。

③ 在之前的基础上，改变载波频率为 1 228 800 Hz，数据长度为 100 位，添加噪声 10 dB。

· 点击"开始运行"按钮，在原理框图上点击 I 路高斯低通滤波后探针 [图标]，观察"信号时域波形"，并在"输出到 DA"处选择"输出到 CH1"，记录实验波形。

· 在原理框图上点击 Q 路高斯低通滤波后探针 [图标]，观察信号时域波形，并在"输出到 DA"处选择"输出到 CH2"，将波形记录到"实验记录"对应位置，记录实验波形。

· 测示波器双通道时域波形，配置示波器显示格式为"XY"，观测星座图，并观测已调信号时域、频域，记录实验波形。

(2) 编程生成长度为 100 的随机比特，采样率为 307 200 Hz，码元速率为 1536，载波频率为 6144 Hz，进行 GMSK 调制解调打印码型变换后信号、I 路高斯低通滤波后信号、Q 路高斯低通滤波后信号、已调信号、I 路载波提取信号、Q 路载波提取信号、I 路滤波信号、Q 路滤波信号、解调信号、发送端星座图和接收端星座图共 11 幅波形图，将 I 路滤波信号和 Q 路滤波信号分别输出到示波器 CH1 和 CH2，用示波器观察接收端星座图。

(3) 在(2)的基础上调整程序相关参数，分析 GMSK 调制解调的性能。

① 选择不同的 $B_b T_b$ 值下(0.1、0.3、0.5、0.7)GMSK 和 MSK 信号的功率谱密度，并观察其眼图效果。将相关波形结果记录到对应表格。

② 在 SNR:0~10 dB 范围内选择不同的 $B_b T_b$ 值下(0.1、0.3、0.5、0.7)绘制 GMSK 和 MSK 调制解调系统的误码率曲线，拍照后记录到对应表格。

┌───────────┐
│ 思 考 题 │
└───────────┘

(1) 思考 GMSK 信号的频谱性能和误码性能的关系，本次实验中你觉得 $B_b T_b$ 值选择多少合适。

(2) 为什么利用眼图能大致估算接收系统性能的好坏程度？

第 10 章 QAM 调制解调实验

提高频谱资源利用率一直是现代通信当中人们关注的焦点之一。近年来，随着移动用户数量的增加，通信业务需求的增长，需要在有限的带宽里传输更多的数据，寻找频谱资源利用率较高的数字调制方式，已成为数字通信系统研究与设计的主要目标之一。正交振幅调制 QAM(quadrature amplitude modulation)就是一种高频谱利用率，且可以根据传输环境和传输信源的不同，自适应地调整其调制速率的调制技术。它是在 MPSK 的基础上发展来的。在多进制键控体制中，相位键控带宽占用小，比特信噪比要求低，在带宽和功率占用方面具有优势，但随着 M 的增大，相邻相位的距离减小，使噪声容限随之减小，误码率难以保障。为了改善在 M 增大时的噪声容限，发展出了 QAM 体制。目前，QAM 体制在有线电视网络高速数据传输、大中容量数字微波通信系统、卫星通信系统等各个领域均得到了广泛的应用。

一、实验目的

(1) 理解 16QAM、64QAM 调制的原理和实现方法。

(2) 理解 16QAM、64QAM 解调的原理和实现方法。

(3) 掌握基于 XSRP 软件无线电平台的虚拟仿真和真实测量的实验方法。

二、实验原理

1. QAM 调制

在载波相位调制中，带通信号波形可以视为两个正交载波信号 $\cos 2\pi f_c t$ 和 $\sin 2\pi f_c t$，其幅度受到信息比特的调制，载波具有相等的能量。这意味着信号波形的几何表示就是圆上的信号点，如果去掉恒定能量的限制，将不同信息比特分别施加在不同的正交载波信号上，这就是 QAM 调制。QAM 是一种振幅和相位联合键控。也可以说，QAM 是用两个独立的基带数字信号对两个相互正交的同频载波进行抑制载波的双边带调制，利用已调信号在同一带宽频谱上正交的特性，实现两路并行数字信息的传输。

正交调制信息的一般表达式为

$$s_{\mathrm{MQAM}}(t) = \sum_n A_n g(t - nT_s)\cos(\omega_c + \varphi_n) \tag{10-1}$$

其中，A_n 是基带信号的幅度，$g(t-nT_s)$ 是单个基带信号的波形，宽度为 T_s，若对上式展开，即为正交表示形式：

$$s_{MQAM}(t) = \left[\sum_n A_n g(t-nT_s)\cos\varphi_n\right]\cos\omega_c t - \left[\sum_n A_n g(t-nT_s)\sin\varphi_n\right]\sin\omega_c t$$

$$(10-2)$$

令

$$\begin{cases} X_n = A_n \cos\varphi_n \\ Y_n = A_n \sin\varphi_n \end{cases} \qquad (10-3)$$

则式(10-2)可写作

$$s_{MQAM}(t) = X(t)\cos\omega_c t - Y(t)\sin\omega_c t \qquad (10-4)$$

其中，QAM 中的振幅可以表示为 $X_n = c_n A$，$Y_n = d_n A$。A 表示固定振幅，由输入数据决定；c_n、d_n 可以决定已调 QAM 信号在信号空间中的坐标点。

MQAM 的调制原理如图 10-1 所示，M 为 QAM 进制数。在发送端调制器中，串/并变换使得信息速率为 R_b 的输入二进制信号分成两个速率为 $R_b/2$ 的二进制信号，这两路序列通过 2 到 L 电平的转换，形成 L 电平的数字基带信号，此时的基带信号包含了带外辐射，为了滤除带外干扰，将 L 电平的基带信号通过预调制地图滤除带外干扰与噪声，得到信号 $X(t)$ 和 $Y(t)$。这两路信号分别与两个正交载波相乘，再相加后即得 MQAM 信号。

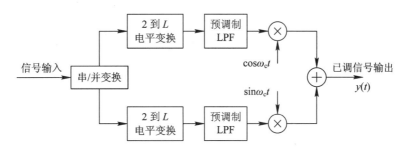

图 10-1　MQAM 信号调制原理框图

QAM 信号的波形可以表示成两个标准正交信号波形 $f_1(t)$ 和 $f_2(t)$ 的线性组合，其表达式为

$$S_m(t) = S_{m1}(t)f_1(t) + S_{m2}(t)f_2(t) \qquad (10-5)$$

其中，$f_1(t) = \sqrt{\dfrac{2}{\zeta_g}}g(t)\cos(2\pi f_c t)$，$f_2(t) = \sqrt{\dfrac{2}{\zeta_g}}g(t)\sin(2\pi f_c t)$，$\zeta_g$ 是脉冲信号 $g(t)$ 的能量。同时根据式(10-5)，S_{m1} 和 S_{m2} 的表达式为

$$S_m = \begin{bmatrix} S_{m1} & S_{m2} \end{bmatrix}$$
$$= \begin{bmatrix} A_{mc}\sqrt{\dfrac{1}{2}\zeta_g} & A_{ms}\sqrt{\dfrac{1}{2}\zeta_g} \end{bmatrix} \qquad (10-6)$$

定义任意一对信号向量之间的最小欧氏距离如下：

$$d_{min}^{(e)} = \|s_m - s_n\|$$
$$= \sqrt{\dfrac{1}{2}\zeta_g\left[(A_{mc}-A_{nc})^2 + (A_{ms}-A_{ns})^2\right]} \qquad (10-7)$$

最小欧氏距离用来测量两个信号的相似性,距离越近就越相似,容易互相干扰,导致高误码率,降低了通信性能。下面对比 MPSK 和 QAM 的最小欧氏距离,当符号信号具有相同平均能量时,即 $E_{MPSK} = E_{QAM} = E$,QAM 调制的最大幅值为 a,二者的最小欧氏距离为

$$\begin{cases} (d_{min})_{MPSK} = 2 \cdot \sin\left(\dfrac{\pi}{M}\right) \times \sqrt{E} \\ (d_{min})_{QAM} = \dfrac{\sqrt{2a}}{\sqrt{M-1}} \end{cases} \quad (10-8)$$

QAM 调制过程中,码元间隔 T_s 时间内平均功率与最大幅值之间关系为

$$E_{QAM} = \frac{2 \cdot \sum\limits_{i=1}^{L/2}(2i-1)^2}{L \times (L-1)^2} \times a^2 \quad (10-9)$$

将式(10-9)代入式(10-8)可得:

$$(d_{min})_{QAM} = \sqrt{\frac{L}{\sum\limits_{i=1}^{L/2}(2i-1)^2}} \times \sqrt{E} \quad (10-10)$$

可以看出 MPSK 调制信号的最小欧氏距离要小于等于 QAM 的最小距离,所以说,QAM 在抗噪性能上要优越于 MPSK 调制方式。

2. QAM 解调

解调其实就是调制的反过程,在理想情况下,MQAM 信号的频带利用率可以表示为 $lbM(b/(s \cdot Hz))$,当升余弦滚降滤波器的滚降因子为 α 时,收发基带滤波器的合成响应也为 α,这时 MQAM 信号的频带利用率为 $lbM/(1+\alpha)(b/(s \cdot Hz))$。目前,QAM 信号的解调方法很多,本次实验我们采用相干解调的方法。QAM 信号解调原理如图 10-2 所示。

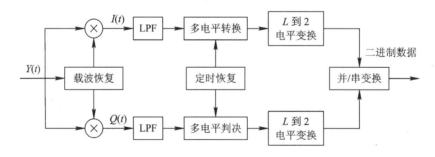

图 10-2　QAM 解调原理框图

在解调端接收到的已调信号分别和载波恢复产生的两路相互正交的载波信号相乘,化简之后,同相分量信号的表达式为

$$\begin{aligned} I(t) &= Y(t)\cos\omega_c t \\ &= (A_m\cos\omega_c t + B_m\sin\omega_c t)\cos\omega_c t \\ &= \frac{1}{2}A_m + \frac{1}{2}A_m\cos2\omega_c t + \frac{1}{2}B_m\sin2\omega_c t \end{aligned} \quad (10-11)$$

正交分量信号的表达式为

$$I(t) = Y(t)\sin\omega_c t$$
$$= (A_m \sin\omega_c t + B_m \sin\omega_c t)\sin\omega_c t$$
$$= \frac{1}{2}B_m - \frac{1}{2}B_m \cos2\omega_c t + \frac{1}{2}A_m \sin2\omega_c t \qquad (10-12)$$

解调后得到同相与正交两路相互独立的多电平基带信号，然后把这两路信号通过低通滤波器滤波下变频得到直流分量 $A_m/2$ 和 $B_m/2$，再进行采样电平判决、L-2 值电平转换、码映射和并/串转换，最后输出解调的数字信号。

下面，我们对 QAM 解调性能进行分析，对于 $M = 2^k$ 且 k 是偶数的信号，若其星座图为矩形，等效为在两个正交载波上的 PAM 信号，每一个具有 $\sqrt{M} = 2^{k/2}$ 个信号点。此时 M 元 QAM 系统的正确判决概率为：

$$P_c = (1 - P_{\sqrt{M}})^2$$
$$P_{\sqrt{M}} = 2\left(1 - \frac{1}{\sqrt{M}}\right)Q\left[\sqrt{\frac{3}{M-1}\frac{\zeta_a}{N_0}}\right] \qquad (10-13)$$

其中，ζ_a/N_0 是平均符号的信噪比，ζ_a 是符号的平均能量，$Q(x) = 1/2 \cdot \mathrm{erfc}(x/\sqrt{2})$，因此，$M$ 元 QAM 的符号错误概率为

$$P_M = 1 - (1 - P_{\sqrt{M}})^2 \qquad (10-14)$$

根据式（10-14）可知，随着 M 阶数的增加，在相同信噪比下，QAM 的符号错误概率会随之增加，即其误码率会增加。

综上所述，QAM 中进制 M 的选择，需要平衡系统的有效性与可靠性，M 越大，数据的传输效率就越高，但是，也并不能无限地通过增加电平级数即增加 M 来增加传输码率。因为，随着电平数的增加，电平间的间隔减少，噪声容限减少，同样噪声条件下，会导致误码增加；在时间轴上也会如此，各相位间隔减小，码间干扰增加，抖动和定时问题都会使接收效果变差。所以，其选择决定因素之一在于传输信道的质量。传输信道的质量越好，干扰与噪声越小，可用的阶次就越大。

3. 16QAM

16QAM 的星座图不唯一，由于矩形 QAM 信号星座图具有容易产生、容易解调的独特优点，在实际中应用得最多。矩形星座虽然并不是最好的 16QAM 信号星座，但是对于要达到给定最小距离的要求来说，该星座图需要的平均发送功率仅稍大于最好的 16QAM 信号星座图所需的平均功率。矩形 16QAM 星座图结构如图 10-3 所示，由 I 路和 Q 路两个正交矢量唯一地对应出每个坐标点的位置。

4. 64QAM

64QAM 一般也是采用矩形星座，64QAM 是一种在 6 MHz 基带带宽内正交调幅的 X 进制的二维矢量数字调制技术（$X = 2$，4，8，16），抑制的载波在离频道低端大约 3 MHz 处。据奈奎斯特理论，一个 6 MHz 的带宽采用双边带，最大可以传 6 Mbit/s 的信号流，除去开销、升余弦滚降造成的波形展延等因素，大约只能传 5.4 Mbit/s 的信号流。由于 X^2 QAM 调制方式中，信号流以 lb$X$ 为一组分为两路，每一路具有 X 电平，每一路电平表

示的信号量是 lb$X$（Mbit/s），所以两路信号正交调制后，能传的最大数字信号比特流为 2× lb$X$×5.4＝ 10.8lb$X$（Mbit/s）。其星座图如图 10－4 所示。

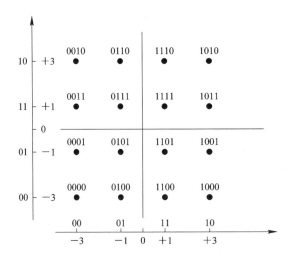

图 10－3　矩形 16QAM 星座图

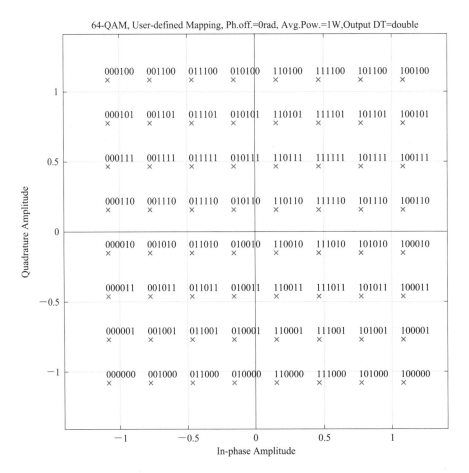

图 10－4　矩形 64QAM 星座图

三、实验设备

1. 硬件平台

（1）XSRP 软件无线电平台一台。

（2）电脑一台。

（3）数字示波器一台。

2. 软件平台

（1）XSRP 软件无线电平台集成开发软件。

（2）MATLAB 软件。

四、实验内容

（1）按要求配置实验参数，验证实验原理，观测并记录实验波形。

① 将数据类型配置为随机数据，数据长度为 24，采样率为 30 720 000 Hz，符号速率为 256 000，载波频率为 512 000 Hz，无噪声，如图 10 - 5 所示。

图 10 - 5　16QAM、64QAM 调制解调参数配置界面

· 点击"开始运行"按钮，在实验现象页观察并记录基带信号、I 路和 Q 路信号、发送端星座图，记录实验波形。

· 参照实验原理映射表，验证实验波形与星座图的对应关系。

② 数据类型配置为随机数据，数据长度为 1200，采样率为 30 720 000 Hz，符号速率为 256 000，载波频率为 512 000 Hz，无噪声，如图 10 - 6 所示。

图 10 - 6　16QAM、64QAM 调制解调参数配置界面

· 点击"开始运行"按钮，在实验现象页观察并记录发送端星座图，记录实验波形。

· 点击"开始运行"按钮，在实验原理框图上点击 I 路探针，观察信号时域波形，在输出到 DA 处选择输出到 CH1，记录实测波形。

· 点击"开始运行"按钮，在实验原理框图上点击 Q 路探针，观察信号时域波形，在输出到 DA 处选择输出到 CH2，记录实测波形。

· 配置示波器的显示格式为 XY，观测星座图。

· 在原理框图上点击已调信号探针，在输出到 DA 处选择输出到 CH1，在示波器上观测已调信号时域、频域波形，记录实测波形。

（2）进行 16QAM 调制解调实验：自定义长度为 5 的 I、Q 数据 $[1-1i，1+1i，1-3i，3+3i，-3-1i]$，根据符号映射原理，进行解映射，并将还原后的数据用示波器输出。

（3）进行 64QAM 调制解调实验：生成长度为 1200 的随机比特数据源，进行 64 QAM 符号映射，并将映射后的 I、Q 数据分别输出到 CH1 和 CH2，用示波器观察星座图。

（4）将（3）产生的符号映射数据 QAM64_data 进行解映射，打印出数据源和解映射还原后的数据波形，比较还原后的数据和数据源是否一致。

思 考 题

参考 help 文档中关于 qammod()、qamdemod() 的说明，在信噪比为 0～30 dB 的区间内分析 16QAM、64QAM 与 QPSK 在不同信噪比下的误码率，画出相关曲线，将实验结果记录到"实验记录"的对应位置，并归纳总结相关结论分析。

第 11 章　差错控制编译码实验

1948 年，香农在论文中曾经证明，只要信息传输速率低于信道容量，通过对信息适当进行编码，可以在不牺牲信息传输或存储速率的情况下，将有噪信道或存储介质引入的差错减少到任意低的程度。近年来，随着各类数字信息交换、处理的需求以及大规模高速数据网的出现，实现高速数字系统所要求的可靠性是目前的发展趋势。人们所关心的主要问题，就是如何让信道编译码的代价在可接受的范围内，使得信息能够在有噪环境中尽可能快地传输且信息在终端能够可靠地重现，为此，需要信道通过采用差错控制编码的方式，抵抗信息传输或存储码字时面临的噪声环境的影响。一般由发送端的信道编码器在信息码元序列中增加一些监督码元，这些冗余的码元与信息之间基于某些确定的规则建立校验关系，使接收端可以利用这种关系由信道译码器发现或纠正可能存在的错误码。本节实验中，我们将介绍循环码、汉明码及循环冗余校验（CRC），其运算均为模 2 运算。

11.1　循环码编译码实验

一、实验目的

（1）理解循环码的编码原理。

（2）理解循环码的译码原理。

（3）掌握通过 MATLAB 编程实现循环码的编译。

二、实验原理

1. 循环编译码介绍

循环码构成了线性分组码中的一种重要子类，有两个原因使得该码是目前研究得比较成熟且具有吸引力的一类码：一是通过具有反馈连接的移位寄存器（称为线性时序电路），该码的编码和校正子计算易于实现。二是由于其具有固有的内在代数结构，能找到多种实用的方法对该码进行译码，这些性质有助于按照要求的纠错能力系统地构造这类码，并且简化译码算法。循环码能够用于随机误差纠正和突发错误纠正，因此，在目前的计算机纠错系统中，所使用的线性分组码几乎都是循环码，在差错检测中的效果尤为明显。

2. 循环码编译码原理

一般来说，若码长为 n，信息位数为 k，记作 (n,k)，若该码为线性码 C，且每个码字的循环移位仍是 C 的码字，则称其为循环码。

将码字 $v=(v_0,v_1,\cdots,v_{n-1})$ 的各个分量看作如下多项式的系数：

$$v(X)=v_0+v_1X+t_2X^2+\cdots+v_{n-1}X^{n-1} \qquad (11-1)$$

这样，每个码字对应于一个次数等于或小于 $n-1$ 的多项式。若 $v_{n-1}\neq0$，则 $v(X)$ 的次数为 $n-1$；若 $v_{n-1}=0$，则 $v(X)$ 的次数小于 $n-1$。码字和码多项式 $v(X)$ 之间是一一对应的，称 $v(X)$ 是 v 的码多项式。对应于码字 $v^{(i)}$ 的码多项式为

$$v^{(i)}(X)=v_{n-i}+v_{n-i+1}X+\cdots+v_{n-1}X^{i-1}+v_0X^i+v_1X^{i+1}+\cdots+v_{n-1}X^{r-1}$$

$$(11-2)$$

根据循环码特性，在 $v(X)$ 与 $v^{(i)}(X)$ 存在一个有意义的代数关系。用 X^i 乘以 $v(X)$，可得：

$$X^iv(X)=v_0X^i+v_1X^{i+1}+\cdots+v_{n-i-1}X^{n-1}+\cdots+v_{n-1}X^{n+1-1} \qquad (11-3)$$

上述等式可以写成如下形式：

$$X^iv(X)=v_{n-t_n}+v_{n-1}x+\cdots+v_nx^{r-1}+v_0x^i+\cdots+$$

$$v_{n-1}^{n-1}X^{n-1}+v_{n-i}(X^n+1)+v_{n-i+1}X(X'+1)+\cdots+v_{n-1}X^{i-1}(X^n+1)$$

$$=q(X)(X^n+1)+v^{(i)}(X) \qquad (11-4)$$

其中，$q(X)=v_{n-i}+v_{n-i+1}X+\cdots+v_{n-1}X^{i-1}$。从式 (11-4) 可以看出，码多项式 $v^{(i)}(X)$ 即为多项式 $X^iv(X)$ 除以 X^n+1 所得余式。其中，$(7,k)$ 循环码生成多项式如表 11-1 所示。

表 11-1 $(7,k)$ 循环码生成多项式

$(7,k)$	生成多项式
$(7,1)$	$(1+X+X^3)(1+X^2+X^3)$
$(7,3)$	$(1+X)(1+X+X^3)$ 或 $(1+X)(1+X^2+X^3)$
$(7,4)$	$1+X+X^3$ 或 $1+X^2+X^3$
$(7,6)$	$1+X$

(n,k) 循环码的编码由以下三个步骤组成：

第 1 步，预先用 X^{n-k} 乘以消息 $u(X)$。

第 2 步，用生成多项式 $g(X)$ 除 $X^{n-k}u(X)$，获得余式 $b(X)$（校验位）。

第 3 步，联合 $b(X)$ 和 $X^{n-k}u(X)$ 获得码多项式 $b(X)+X^{n-k}u(X)$。

由生成多项式 $g(X)=1+X+X^3$ 生成一组 $(7,4)$ 的循环码。令 $u(X)=1+X^3$ 为待编码的消息。根据编码步骤需用 $X^3u(X)$ 除以 $g(X)$，可得其余式 $b(X)=X+X^2$。故码多项式为 $v(X)=b(X)+X^3u(X)=X+X^2+X^3+X^6$，相应的码字为 $v=(0111001)$，其中最

右边的四位是信息位。系统形式的 16 个码字见表 11-2。

表 11-2　循环码编码表

消息(输入)	码向量(输出)	码 多 项 式
0000	0000000	$0 = 0 \cdot g(X)$
1000	1101000	$1 + X + X^3 = 1 \cdot g(X)$
0100	0110100	$X + X^2 + X^4 = X \cdot g(X)$
1100	1011100	$1 + X^2 + X^3 + X^4 = (1+X)g(X)$
0010	1110010	$1 + X + X^2 + X^5 = (1+X^2)g(X)$
1010	0011010	$X^2 + X^3 + X^5 = X^2 g(X)$
0110	1000110	$1 + X^4 + X^5 = (1+X+X^2)g(X)$
1110	0101110	$X + X^3 + X^4 + X^5 = (X+X^2)g(X)$
0001	1010001	$1 + X^2 + X^6 = (1+X+X^3)g(X)$
1001	0111001	$X + X^2 + X^3 + X^6 = (X+X^3)g(X)$
0101	1100101	$1 + X + X^4 + X^6 = (1+X^3)g(X)$
1101	0001101	$X^3 + X^4 + X^6 = X^3 g(X)$
0011	0100011	$X + X^5 + X^6 = (X+X^2+X^3)g(X)$
1011	1001011	$1 + X^3 + X^5 + X^6 = (1+X+X^2+X^3)g(X)$
0111	0010111	$X^2 + X^4 + X^5 + X^6 = (X^2+X^3)g(X)$
1111	1111111	$1 + X + X^2 + X^3 + X^4 + X^5 + X^6 = (1+X^2+X^3)g(x)$

该循环码的生成矩阵为

$$G = \begin{bmatrix} 1 & 1 & 0 & 1 & 0 & 0 & 0 \\ 0 & 1 & 1 & 0 & 1 & 0 & 0 \\ 0 & 0 & 1 & 1 & 0 & 1 & 0 \\ 0 & 0 & 0 & 1 & 1 & 0 & 1 \end{bmatrix}$$

转换为系统形式的矩阵：

$$G' = \begin{bmatrix} 1 & 1 & 0 & 1 & 0 & 0 & 0 \\ 0 & 1 & 1 & 0 & 1 & 0 & 0 \\ 1 & 1 & 1 & 0 & 0 & 1 & 0 \\ 1 & 0 & 1 & 0 & 0 & 0 & 1 \end{bmatrix}$$

矩阵 G' 生成的码与矩阵 G 完全相同。

　　循环码译码器可分为用于检错目的和用于纠错目的，若用于检错，则只要判断接收码组 $R(X)$ 是否能整除 $g(X)$，若整除，即余式为 0，表明正确传输；如果未除尽，则说明传输有错，在寄存器中的内容就是错误图样。此时若用于纠错，还应将余式用查表或计算校正的方法等得到错误图 $E(X)$，再将 $R(X)+E(X)$ 便得到纠错后的译码。上述的译码方法是由于循环码特殊的数字结构决定的，它仅适用于循环码译码。对于(7,4)循环码而言，信息码如果存在两位及两位以上错误，则不能完成纠错，即(7,4)循环码只能完成一位信息码的纠错。

监督矩阵：

$$H = \begin{bmatrix} 1 & 0 & 1 & 1 & 1 & 0 & 0 \\ 1 & 1 & 1 & 0 & 0 & 1 & 0 \\ 0 & 1 & 1 & 1 & 0 & 0 & 1 \end{bmatrix}$$

例如 $R(X) = 0110001$，$\dfrac{R(X)}{g(X)}$ 的余数为 1000，则 $E(X) = 0001000$(余数与码为 001 的余数相同)，则纠错后译码为 0111001。

三、实验设备

1. 硬件平台

(1) XSRP 软件无线电平台一台。

(2) 电脑一台。

(3) 数字示波器一台。

2. 软件平台

(1) XSRP 软件无线电平台集成开发软件。

(2) MATLAB 软件。

四、实验内容

(1) 记录数据类型为随机数据的循环码仿真波形，验证编码原理。

① 将数据类型配置为随机数据，随机误码位置配置为 0，如图 11-1 所示。

图 11-1　循环码编解码参数配置界面

· 点击"开始运行"按钮，观察所得仿真波形图，记录实验波形。

· 查实验原理部分的编码表，分析编码原理。

② 数据类型为 10 交替数据，误码位置为 2，DA 输出配置为输出，采样率配置为 30 720 000 Hz，码元速率配置为 153 600，如图 11-2 所示，记录仿真结果，分析编码原理。

(2) 随机生成 4 位比特数据，生成多项式为 [1,1,0,1]，完成(7,4)循环码编码，分别绘制出数据源和编码后数据波形图，将编码前和编码后的数据输出到 CH1 和 CH2，用示

图 11 - 2　循环码编解码参数配置界面

波器观察波形。

（3）指定待译码比特数据[1,0,1,0,0,1,1]，生成多项式为[1,0,1,1]，完成循环译码实验，分别绘制出数据源和编码后数据波形图，将编码数据和译码数据输出到 CH1 和 CH2，用示波器观察波形。

思 考 题

根据前面第（2）题，完成(7,3)循环码编译码实验。随机生成 3 位比特数据，生成多项式为[1,0,1,1,1]，分别绘制出数据源和编码后数据波形图，将编码数据和译码数据输出到 CH1 和 CH2，用示波器观察波形。

11.2　汉明码编译码实验

一、实验目的

（1）理解汉明码编码原理和方法。
（2）掌握汉明码纠错检错原理。
（3）掌握通过 MATLAB 编程产生汉明码。

二、实验原理

汉明码是 1950 年由 Richard W. Hamming 发现的一类用于纠错的线性分组码，它是最小距离为 3 的完备码，可通过简单的查表机制来译码，且可纠正码分组长度范围内的任何单个差错，在此基础上适当缩短汉明码，可以得到最小距离为 4，能够纠正单个差错并检测两个差错的好码。由于其码率高且译码简单，汉明码被广泛应用于数字通信和数字存储的差错控制中。

1. 汉明码编码

汉明码有以下特点：

码长：$n = 2^m - 1$；最小码距：$d = 3$

信息码位：$k = 2^n - m - 1$；纠错能力：$t = 1$

监督码位：$r = n - k$

其中，$m \geqslant 3$，$m \in N^+$，$2^r - 1 \geqslant n$ 或 $2^r - 1 \geqslant k + r + 1$。

根据汉明码的特点，需用 r 个监督位构造 r 个监督关系指示一位错码的 n 种可能位置。我们以典型的 $(7,4)$ 汉明码为例，其消息与码字对应关系如表 11-3 所示。

表 11-3　(7,4)汉明码码表

消息	码字	消息	码字
0000	0000000	0001	1010001
1000	1101000	1001	0111001
0100	0110100	0101	1100101
1100	1011100	1101	0001101
0010	1110010	0011	0100011
1010	0011010	1011	1001011
0110	1000110	0111	0010111
1110	0101110	1111	1111111

其码生成矩阵为

$$
\boldsymbol{G} = \begin{bmatrix} g_0 \\ g_1 \\ g_2 \\ g_3 \end{bmatrix} = \begin{bmatrix} 1 & 1 & 0 & 1 & 0 & 0 & 0 \\ 0 & 1 & 1 & 0 & 1 & 0 & 0 \\ 1 & 1 & 1 & 0 & 0 & 1 & 0 \\ 1 & 0 & 1 & 0 & 0 & 0 & 1 \end{bmatrix}
$$

若令 $\boldsymbol{u} = (u_0 \quad u_1 \quad u_2 \quad u_3)$ 为待编码消息，$\boldsymbol{v} = (v_0 \quad v_1 \quad v_2 \quad v_3 \quad v_4 \quad v_5 \quad v_6)$ 为对应码字，则有

$$
\boldsymbol{v} = (u_0, u_1, u_2, u_3) \cdot \begin{bmatrix} 1 & 1 & 0 & 1 & 0 & 0 & 0 \\ 0 & 1 & 1 & 0 & 1 & 0 & 0 \\ 1 & 1 & 1 & 0 & 0 & 1 & 0 \\ 1 & 0 & 1 & 0 & 0 & 0 & 1 \end{bmatrix}
$$

根据矩阵乘法，可以得到如下关系：

$$v_6 = u_3, \quad v_5 = u_2, \quad v_4 = u_1, \quad v_3 = u_0$$
$$v_2 = u_1 + u_2 + u_3$$
$$v_1 = u_0 + u_1 + u_2$$
$$v_0 = u_0 + u_2 + u_3$$

可以看出码字前三位为校验位，后四位为消息位。

若一个矩阵 $\boldsymbol{H}$ 满足 $\boldsymbol{G} \cdot \boldsymbol{H}^{\mathrm{T}} = 0$，即生成矩阵行空间的任意向量与矩阵 $\boldsymbol{H}$ 的行向量正交，矩阵 $\boldsymbol{H}$ 称为该码的奇偶校验矩阵。则可求得上文 $(7,4)$ 汉明码的奇偶校验矩阵为

$$
\boldsymbol{H} = \begin{bmatrix} 1 & 0 & 0 & 1 & 0 & 1 & 1 \\ 0 & 1 & 0 & 1 & 1 & 1 & 0 \\ 0 & 0 & 1 & 0 & 1 & 1 & 1 \end{bmatrix}
$$

若令 $\boldsymbol{r} = (r_0 \quad r_1 \quad r_2 \quad r_3 \quad r_4 \quad r_5 \quad r_6)$ 表示由码字 $\boldsymbol{v}$ 经过有噪信道传输在接收端收

到的码字，此时 r 与 v 可能不同。

令校正子为 $s=(s_0 \quad s_1 \quad s_2)$，则有 $s = r \cdot H^T$，则校正子计算为

$$s_0 = r_0 + r_3 + r_5 + r_6$$
$$s_1 = r_1 + r_3 + r_4 + r_5$$
$$s_2 = r_2 + r_4 + r_5 + r_6$$

校正子得到后我们可以通过查表确定校正子与错码位置的关系，如表 11-4 所示。

表 11-4　校正子与错码位置的关系表

$s_0 \quad s_1 \quad s_2$	错码位置	$s_0 \quad s_1 \quad s_2$	错码位置
001	r_6	101	r_2
010	r_5	110	r_1
100	r_4	111	r_0
011	r_3	000	r_6

2. 汉明码译码

译码是编码的反过程，对于 (7, 4) 汉明码，其译码过程为先将收到的码元按帧同步和位同步信号，将其 7 位码元一组分组，然后，每 7 位码元还原为 4 位码元，并纠正一位错码，最后，将还原的所有信息码输出。

三、实验设备

1. 硬件平台

(1) XSRP 软件无线电平台一台。

(2) 电脑一台。

(3) 数字示波器一台。

2. 软件平台

(1) XSRP 软件无线电平台集成开发软件。

(2) MATLAB 软件。

四、实验内容

(1) 记录数据类型为随机数据的汉明码仿真波形，验证编码原理。

① 将数据类型配置为随机数据，随机误码位置配置为 0，如图 11-3 所示。

图 11-3　汉明码编译码参数配置界面

- 点击"开始运行"按钮,观察所得仿真波形图,记录实验波形。
- 查实验原理部分的编码表,验证编码原理。

② 将数据类型配置为 10 交替数据,误码位置配置为 2,DA 输出配置为输出,采样率配置为 30 720 000 Hz,码元速率配置为 153 600,记录汉明码的仿真波形和示波器实测波形。

(2) 随机生成 4 位比特数据,对数据进行汉明码编码,分别绘制出过采样后数据源和编码后数据波形图,将数据源和编码后的数据过采样后分别输出到 CH1 和 CH2,用示波器观察波形。

(3) 汉明码编译码实验:指定待译码比特数据[1001101],完成汉明码译码实验。校正子与码元监督关系限定如下:

$$s_1 = a_6 \text{异或} a_5 \text{异或} a_4 \text{异或} a_2$$
$$s_2 = a_6 \text{异或} a_5 \text{异或} a_3 \text{异或} a_1$$
$$s_3 = a_6 \text{异或} a_4 \text{异或} a_3 \text{异或} a_0$$

判断是否有误码,分别绘制出过采样后编码数据和译码后的数据波形图,并将编码数据和译码后的数据过采样后分别输出到 CH1 和 CH2,用示波器观察波形。

(4) 汉明码编译码实验:指定输入码组[0,1,1,0],使用与例程不同的监督关系完成汉明码编译码实验。校正子与码元监督关系限定如下:

$$s_1 = a_5 \text{异或} a_4 \text{异或} a_3 \text{异或} a_2$$
$$s_2 = a_6 \text{异或} a_5 \text{异或} a_1$$
$$s_3 = a_6 \text{异或} a_3 \text{异或} a_0$$

判断是否有误码,分别绘制出过采样后编码数据和译码后的数据波形图,并将编码数据和译码后的数据过采样后分别输出到 CH1 和 CH2,用示波器观察波形。

> ╭──────────────╮
> │ **思 考 题** │
> ╰──────────────╯

试画出汉明码编/解码器电路图。总结汉明码的特点和优点。分析汉明码的纠错原理。

11.3　CRC 校验实验

一、实验目的

(1) 理解数据源添加 CRC 比特算法原理。
(2) 学会 CRC 比特校验的实现方法。
(3) 掌握通过 MATLAB 编程实现 CRC 校验实验。

二、实验原理

循环冗余码校验(CRC)是一种根据网络数据包或计算机文件等数据产生简短固定位数

校验码的信道编码技术，主要用来检测或校验数据传输或者保存后可能出现的错误。它是利用除法及余数的原理来作错误侦测的。CRC 校验计算速度快，检错能力强，易于用编码器等硬件电路实现。从检错的正确率与速度、成本等方面来看，都比奇偶校验等校验方式具有优势。因而，CRC 成为计算机信息通信领域最为普遍的校验方式。常见应用有以太网/USB 通信、压缩解压、视频编码、图像存储、磁盘读写等。CRC 在发送端根据要传送的 k 位二进制码序列，以一定的规则产生一个校验用的监督码（即 CRC 码）r 位，并附在信息后面，构成一个新的二进制码序列数共 $k+r$ 位，最后发送出去。在接收端，则根据信息码和 CRC 码之间所遵循的规则进行检验，以确定传送中是否出错。

本实验中，传输块上的循环冗余校验 CRC 提供差错检测功能，接收端将接收到的传输块数据再次进行 CRC 编码，将编码得到的 CRC 比特与接收的 CRC 比特进行比较，如果不一致，则接收端认为接收到的传输块数据是错误的。CRC 长为 24、16、12、8 或 0 比特，CRC 比特越长，则接收端差错检测的遗漏概率越低，每个传输信道使用的 CRC 长度由高层信令给出。整个传输块被用来计算 CRC。CRC 比特的产生来自下面的循环多项式：

CRC24　　　$g(X)=X^{24}+X^{23}+X^{6}+X^{5}+X+1$

CRC16　　　$g(X)=X^{16}+X^{12}+X^{5}+1$

CRC12　　　$g(X)=X^{12}+X^{11}+X^{3}+X^{2}+X+1$

CRC8　　　$g(X)=X^{8}+X^{7}+X^{4}+X^{3}+X+1$

CRC 校验步骤有两个关键点：一是预先确定一个发送端和接收端都用来作为除数的二进制比特串（或多项式），可以随机选择，也可以使用国际标准，但是，最高位和最低位必须为 1；二是把原始帧与上面计算出的除数进行模 2 除法运算，计算出 CRC 码。其具体步骤：

（1）选择合适的除数。

（2）看选定除数的二进制位数，然后在要发送的数据帧上面加上这个位数－1 位的 0，用新生成的帧以模 2 除法的方式除上面的除数，得到的余数就是该帧的 CRC 校验码。注意：余数的位数一定只比除数位数少一位，也就是 CRC 校验码位数比除数位数少一位，如果前面位是 0 也不能省略。

（3）将计算出来的 CRC 校验码附加在原数据帧后面，构建成一个新的数据帧进行发送；最后接收端再以模 2 除法方式除以前面选择的除数，如果没有余数，则说明数据帧在传输的过程中没有出错。

带有 CRC 的码块的输入和输出的关系为：传输块数据顺序不变，CRC 比特倒序后添加到传输块数据的后面。这样做是因为在盲速率检测中，检测信息数据速率时发生错误检测的概率很低。上行链路的 CRC 与下行链路的 CRC 处理一致。

三、实验设备

1. 硬件平台

（1）XSRP 软件无线电平台一台。

（2）电脑一台。

（3）数字示波器一台。

2. 软件平台

（1）XSRP 软件无线电平台集成开发软件。

（2）MATLAB 软件。

四、实验内容

（1）观测并记录 CRC 校验比特数为 8、12、16、24 的仿真波形和示波器实测波形。

将数据类型配置为 10 交替数据，数据长度分别设置 8、12、16、24，添加 CRC 比特数配置分别设置 8、12、16、24，如图 11-4 所示。

图 11-4　循环码编解码参数配置界面

- 点击"开始运行"按钮，观察所得仿真波形，信息码：10101010，CRC 校验码：11011011，编码数据：1010101011011011，记录实验结果。

- 查看校验结果：![校验结果]绿色表示无误码，![校验结果]红色表示有误码，无误码时通过 CRC 校验，可以判断传输码无误码。

- 观测示波器的实测波形图，并记录在实验记录的对应位置。

- 根据 CRC 校验码波形验证编码原理。

（2）生成待校验比特数据【1 0 1 1 0 1 0 1 1 0 1 0 0 0 1 1 0 1】，生成多项式 $g(X) = X^8 + X^7 + X^4 + X^3 + X + 1$，编写 CRC 校验程序，判断是否有误码。

（3）生成信源比特【1 0 1 1 0 1 0 1 1 0】，生成多项式 $g(X) = X^{16} + X^{12} + X^5 + 1$，对信源进行 16 位 CRC 编码，分别绘制出数据源和编码后数据波形图，将编码前和编码后的数据输出到 CH1 和 CH2，用示波器观察波形，并将编码前和编码后的数据输出到 DA。

思 考 题

（1）在通信原理中采用差错控制的目的是什么？

（2）什么是分组码？其构成有何特点？

（3）一种编码的最小码距与其检错和纠错能力有什么关系？

第12章 OFDM通信系统设计实验

正交频分复用(Orthogonal Frequency Division Multiplexing，OFDM)是一种特殊的多载波频分复用(Frequency Division Multiplexing，FDM)技术。在传统的FDM复用系统(见图12-1(a))中，各个子信道采用不同的载波并行传送数据，子载波之间的间隔足够大，采用隔离带来防止频谱重叠，故频谱效率很低。而OFDM(如图12-1(b)所示)中，各子载波的频谱是互相重叠的，并且在整个符号周期内满足正交性，不但减小了子载波间的相互干扰，还大大减少了保护带宽，提高了频谱利用率。目前，OFDM已经成为IEEE 802.11a和IEEE 802.11g采用的无线局域网(Wireless Local Area Network，WLAN)物理层高速率传输标准。OFDM被广泛应用于数字音频广播(Digital Audio Broadcasting，DAB)和数字视频广播(Digital Video Broadcasting，DVB)中。此外，OFDM是全球互通微波接入(Worldwide Interoperability for Microwave Access，WiMAX)和长期演进(Long Term Evolution，LTE)标准采用的物理层传输方案。

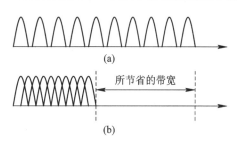

图12-1 FDM与OFDM频带示意图

一、实验目的

(1) 了解OFDM技术的原理与特点。

(2) 学习和掌握OFDM系统的仿真设计和方法。

二、实验原理

OFDM的基本思想是在频域内将所给信道分成许多子信道或者许多子载波，将高速数据转化为相对低速的并行数据在多个子载波上传输，子载波间彼此保持相互正交的关系，以消除子载波间数据的干扰。由于数据流被分解成很多相对低速的子数据流，子信道上符号速率大幅度降低，单个数据符号的持续时间大大加长，因而具备了比较强的抗时延扩展能力，多径效应造成的影响减小，并且当信号通过无线频率选择性衰落信道时，虽然在整个信号频带内信道是有衰落的，但是在每个子信道上可以近似看成是平坦的，只要通过简单的频域均衡就可以消除频率选择性衰落信道的影响。同时，利用FFT/IFFT的周期循环特性，在每个传输符号前加一段循环前缀，码间干扰几乎可以忽略。OFDM系统框图如图 12 - 2 所示，输入比特序列完成信道编码后，根据采用的调制方式，完成相应的调制映射，形成调制信息序列 $x(n)$，对 $x(n)$ 进行 IFFT，将数据的频谱表达式变换到时域上，得到 OFDM 已调信号的时域抽样序列，插入保护间隔（添加循环前缀），再进行数字变频，得到 OFDM 已调信号的频带时域波形。接收端对接收信号进行数字下变频，去除保护间隔，得到 OFDM 已调信号的抽样序列，对该抽样序列做 FFT 即得到原调制信息序列 $x(n)$。

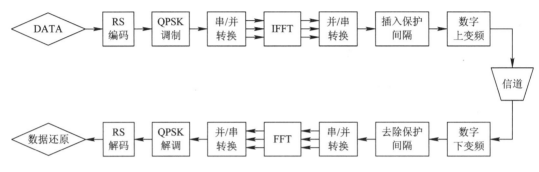

图 12 - 2 OFDM 系统框图

下面介绍 OFDM 系统各模块的基本原理。

1. OFDM 信号的时域及频域波形

一种 OFDM 符号之内涉及各种通过调制子载波合成的信号，其中，每个子载波都可以受到相移键控（PSK）或者正交幅度调制（QAM）符号调制。如果 T 为 OFDM 符号周期，d_i（$i=0,1,\cdots,N-1$）表示第 i 路的基带数据信号，N 表示子载波数目，f_c 是载波中心频率，OFDM 符号通带信号可以表示为

$$s(t) = \mathrm{Re}\left\{ \sum_{i=-N/2}^{N/2-1} d_{i+N/2} \exp\left[\mathrm{j}2\pi\left(f_c - \frac{i+0.5}{T} \right)t \right] \right\} \tag{12-1}$$

OFDM 信号的基带形式如下：

$$x(t) = \sum_{i=-N/2}^{N/2-1} d_{i+N/2} \exp\left(\mathrm{j}2\pi \frac{i}{T} t \right) \tag{12-2}$$

为了使这 N 路子信道信号在接收时能够完全分离，要求它们满足正交性。在码元持续时间 T 内任意两个子载波都正交的条件是：

$$\int_0^T \cos(2\pi f_k t + \varphi_k) \cos(2\pi f_i t + \varphi_i)\mathrm{d}t = 0 \tag{12-3}$$

将式（12 - 3）利用三角公式化简可以得到如下关系：

$$\begin{cases} (f_k + f_i)T = m \\ (f_k - f_i)T = n \end{cases}$$
$$\Rightarrow \begin{cases} f_k = (m+n)/(2T) \\ f_i = (m-n)/(2T) \end{cases}, \text{其中 } m、n \text{ 为正数} \tag{12-4}$$

即子载波频率要求 $f_k = k/(2T)$ 和 $\Delta f_{\min} = 1/T$，这样上面的 OFDM 信号即可以保证任意两个子载波的正交性。

以取子载波数目为 4，承载的数据为 $(1,1,1,1)$ 为例，可以得到 OFDM 的时域波形如图 12 - 3 所示。

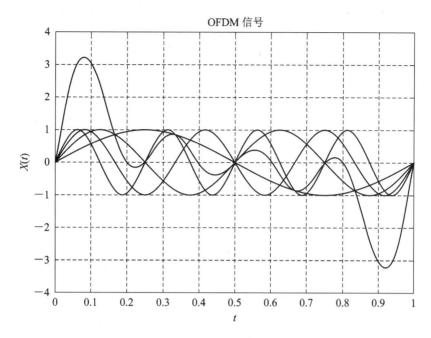

图 12 - 3　OFDM 时域波形

若每个子载波发送的是矩形信号，则每个子载波的信号频谱为抽样函数，OFDM 符号频谱如图 12 - 4 所示。

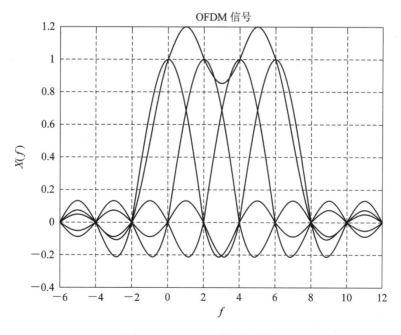

图 12 - 4　OFDM 符号频谱图

由图 12 - 4 可以看出各路子载波的频谱重叠，但实际上在一个码元持续时间内它们是正交的，故在接收端很容易利用这个特性将各路子载波分离开，这样密集的子载频能够充分利用频带，提高频率利用率。根据子载波的正交特性，可以对该路子载波信号进行解调，从而提取出这一路的数据。这样，N 个子信道码元分别调制在 N 个子载波频率 $f_0, f_1, \cdots,$ $f_n, \cdots, f_{N-1}$ 上，相邻频率相差 $1/N$。以 $t=t_s$ 为起始时刻的 OFDM 符号可以表示为

$$s(t) = \sum_{t=0}^{N-1} d_t \, \mathrm{rect}(t - t_s - t/2) \exp(\mathrm{j}2\pi f_i(t - t_s)), t_s \leqslant t \leqslant (t_s + T) \quad (12-5)$$

式(12-5)实部和虚部分别对应于 OFDM 符号的同相和正交分量，实际应用中可以分别与相应子载波的 cos 分量和 sin 分量相乘，构成最终的子信道信号和合成的 OFDM 符号。

接收端对应 OFDM 解调，其第 k 路子载波信号解调过程为：将接收信号与第 k 路的解调载波 $\exp[-\mathrm{j}\pi t(2k-N)/T]$ 相乘，然后将得到的结果在 OFDM 符号的持续时间 T 进行积分，即可获得相应的发送信 d'_k。实际上，式(12-5)中定义的 OFDM 复等效基带信号可以采用离散逆傅里叶变换实现。令式(12-5)中的 $t_s=0, t=kT/N(k=0,1,\cdots,N-1)$，那么可以得到：

$$s_k = s(kT/N) = \sum_{i=0}^{N-1} d_i \exp\left(\mathrm{j}\frac{2\pi ki}{N}\right), 0 \leqslant k \leqslant N-1 \quad (12-6)$$

在式(12-6)中，s_k 即为 d_i 的 IDFT 运算。在接收端，为了恢复出原始的数据符号 d_i，可以对 s_k 进行 DFT 变换得到：

$$d_i = \sum_{i=0}^{N-1} s_k \exp\left(-\mathrm{j}\frac{2\pi ki}{N}\right), 0 \leqslant i \leqslant N-1 \quad (12-7)$$

由上述分析可以看出，OFDM 系统可以通过 N 点 IDFT 运算，把频域数据符号 d_i 变换为时域数据符号 s_k，经过载波调制之后，发送到信道中；在接收端，将接收信号进行相干解调。然后将基带信号进行 N 点 DFT 运算，即可获得发送的数据符号 d_i。实际应用中，可用快速傅里叶变换(FFT/IFFT)来实现 OFDM 调制和解调。N 点 IDFT 运算需要实施 N^2 次的复数乘法，而 IFFT 可以显著地降低运算的复杂度。对于常用的基 2IFFT 算法来说，其复数乘法的次数仅为 $(N/2)\mathrm{lb}N$。

OFDM 通常采用四种调制方式，分别为 BPSK、QPSK、16QAM 和 64QAM。调制方式的选择根据信息传输的码元速率来决定。6 Mb/s 和 9 Mb/s 用 BPSK，12 Mb/s 和 18Mb/s 用 QPSK，24 Mb/s 和 36 Mb/s 用 16QAM，48 Mb/s 和 54 Mb/s 用 64QAM。调制方法如下：

首先，把输入的二进制序列分成长度为 $n=1,2,4,6$ 的组，分别对应 BPSK、QPSK、16QAM 和 64QAM。然后，把这些二进制序列组分别映射为星座图中对应的点的复数表示，其实是一种查表的方法。为了所有的映射点有相同的平均功率，输出要进行归一化，所以对应 BPSK、QPSK、16QAM 和 64QAM，分别乘以归一化系数 1，$1/\sqrt{2}$、$1/\sqrt{10}$、$1/\sqrt{42}$。输出的复数序列即为映射后的调制结果。

2. 保护间隔、循环前缀 T_g

(1) 保护间隔。

如图 12-5 所示，为了保持子载波之间的正交性，在发送之前就要在每个 OFDM 符号之间插入保护间隔，该保护间隔的长度 T_g 一般要大于无线信道的最大时延扩展，才会使一个符号的多径分量不会对下一个符号造成干扰，从而有效消除码间干扰(ISI)。如果在这段

保护间隔内，不插入任何信号，仅把它作为一段空闲的传输时段，那么由于多径传播的影响，就会产生子信道间的干扰(ICI)，这样还是会破坏子载波之间的正交性，使得各子载波之间产生干扰。

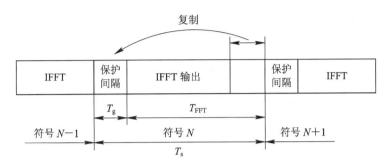

图 12-5　加入保护间隔的 OFDM 符号

（2）循环前缀。

为了消除多径传播造成的 ICI，一种有效的方法是将原来宽度为 T 的 OFDM 符号进行周期扩展，用扩展信号来填充保护间隔，经扩充的保护间隔内的信号称为循环前缀，循环前缀中的信号与 OFDM 符号尾部宽度为 T_g 的部分相同。下面我们具体分析加入循环前缀对功率和信息速率产生的损失。

符号的总长度为 $T_s = T_g + T_{FFT}$，其中 T_s 为 OFDM 符号的总长度，T_g 为采样的保护间隔长度，T_{FFT} 为 FFT 变换产生的无保护间隔的 OFDM 符号长度，则在接收端采样开始的时刻 T_x 应该满足下式：

$$\tau_{max} < T_x < T_g \tag{12-8}$$

如果相邻 OFDM 符号之间的保护间隔 T_g 满足 $T_g \geqslant \tau_{max}$ 的要求，则可以完全克服 ISI 的影响。同时，由于 OFDM 延时副本内所包含的子载波的周期个数也为整数，时延信号就不会在解调过程中产生 ICI。

OFDM 系统加入保护间隔之后，会带来功率和信息速率的损失，其中功率损失可以定义为

$$V_{guard} = 10\lg\left(\frac{T_g}{T_{FFT}} + 1\right) \tag{12-9}$$

从上式可以看到，当保护间隔占到 20% 时，功率损失也不到 1 dB，带来的信息速率损失达 20%。但由于插入保护间隔可以消除 ISI 和多径所造成的 ICI 影响，因此，这个代价是值得的。

3. 加窗

由式(12-5)所定义的 OFDM 符号存在的缺点是功率谱的带外衰减速度不够快。技术上，可以对每个 OFDM 符号进行加窗处理，使符号周期边缘的幅度值逐渐过渡到零。经常被采用的窗函数是式(12-10)定义的升余弦窗：

$$\omega(t) = \begin{cases} 0.5 + 0.5\cos[\pi + t\pi/(\beta T_s)], & t < \beta T_s \\ 1.0, & \beta T_s \leqslant t \leqslant T_s \\ 0.5 + 0.5\cos[(t - T_s)\pi/(\beta T_s)], & t > T_s \end{cases} \tag{12-10}$$

其中，T_s 表示加窗前的符号长度，而加窗后符号的长度应该为 $(1+\beta)T_s$，从而允许在临时符号之前存在有相互覆盖的区域。经过加窗处理后的 OFDM 符号长度如图 12-6 所示。

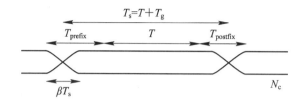

图 12-6　经过加窗处理后的 OFDM 符号示意图

实际上一个 OFDM 符号的形成可以遵循以下过程：首先，在 N_c 个经过数字调制的符号后面补零，构成 N 个输入样值序列，去进行 IFFT 运算。然后，IFFT 输出的最后 $T_{postfix}$ 个样值被插入到 OFDM 符号的最前面，而且 IFFT 输出的最前面 T_{prefix} 个样值被插入到 OFDM 符号的最后面。最后，OFDM 符号与升余弦窗函数时域相乘，使得系统带宽之外的功率可以快速下降。

4. 信道编码和交织

为了提高数字通信系统性能，信道编码和交织是通常采用的方法。对于衰落信道中的随机错误，可以采用信道编码，信道编码一般采用纠错码编码。对于衰落信道中的突发错误，可以采用交织编码。交织编码是一种将数据进行重新排列的技术，它可以通过重新排列数据的方式来降低连续多个比特位出错的概率，从而提高数据传输的可靠性。交织编码首先将输入数据按照一定长度进行分组，每个分组中包含多个比特位，通常是 8 bit 或 16 bit。然后，对每个分组中的比特位进行交织。具体来说，可以采用不同的交织方式，如行列式、随机等，其中最常用的是行列式交织。行列式交织是指将每个分组中的比特位按照一定规则排列成一个矩阵，并按照行或列进行重新排列。例如，在一个 8×8 的矩阵中，可以先按照行排列成一个向量，然后再按照某种规则重新排列成另一个向量。最后再将这些向量合并起来就得到了输出数据。

OFDM 系统自身具有利用信道分集特性的能力，一般的信道特性信息已经被 OFDM 这种调制方式本身所利用了。

本次实验信道编码采用的纠错码是 RS 编码，对于能够纠正 t 个错误的 RS(n,k,d) 码，每个符号都包含 m bit 的信息，该码具有如下特征：

(1) 码长：$n=2^m-1$ 符号或 $m(2^m-1)$ bit；

(2) 信息码元数：$k=n-2t$ 符号或 mk bit；

(3) 监督码元数：$n-k=2t$ 符号或 $m(n-k)$ bit；

(4) 最小距离：$d=2t+1=n-k+1$ 符号或 $m(n-k+1)$ bit。

其中，m 是一个任意整数。

最小距离为 d 的本原 RS 码的生成多项式为

$$g(x)=(x-\alpha)(x-\alpha^2)(x-\alpha^3)\cdots(x-\alpha^{d-2}) \tag{12-11}$$

令信息元多项式为

$$m(x)=m_0+m_1+m_2x^2+\cdots+m_{k-1}x^{k-1} \tag{12-12}$$

三、实验设备

1. 硬件平台

（1）XSRP 软件无线电平台一台。

（2）电脑一台。

（3）数字示波器一台。

2. 软件平台

（1）XSRP 软件无线电平台集成开发软件。

（2）MATLAB 软件。

四、实验内容

利用 Simulink 设计一个完整的 OFDM 系统仿真设计，各个模块功能参见实验原理部分，尽量保证各模块条理清晰，能很方便地从各子模块的名称中直观地理解该子模块的作用，将同一个功能的元件打包封装成子系统，这样方便进行修改和以后的阅读。其中，信源数据是伯努利二进制序列，所设置的占空比为 0.5（即在同一个波中 0 和 1 所占的比例是一样的），所产生的序列是以帧（frame）的形式产生，每帧的数据是 44 位，码元宽度为 16e−5/44/2 s，此时输出到信道上面的数据是 44x1 的形式，详细参数如图 12 - 7 所示。

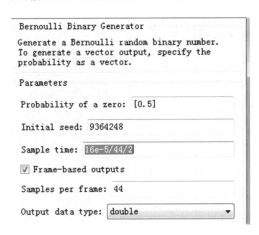

图 12 - 7　信源产生参数设置

① 分别完成子载波调制为 QPSK 与 16QAM 方式的 OFDM 系统设计。② 绘制 OFDM 符号星座图，时域、频域曲线；绘制发送端、接收端低通滤波器的幅频特性；分析 AWGN 信道条件下该 OFDM 系统从−15～20 dB 误码率性能。

思考题

（1）通过系统设计，分析总结 OFDM 系统的优点与不足。

（2）分析多径衰落信道中不同时延、不同幅度对系统误码率性能的影响。

第13章 QPSK 数字通信系统综合实验

一、实验目的

（1）进一步了解 QPSK 调制原理。

（2）设计一套 QPSK 数字通信系统，完成信号的点对点通信。

二、实验原理

数字通信系统传输的是数字信号。其特点是在调制之前先进行两次编码，即信源编码和信道编码。相应的接收端在解调之后进行信道译码和信源译码。其系统方框图如图 13-1 所示。

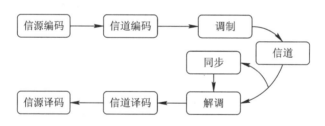

图 13-1 数字通信系统方框图

信源编码的主要任务是提高数字信号传输的有效性。具体地说，就是用适当的方法降低数字信号的码元速率以压缩频带。另外，如果信息源是数据处理设备，还要进行并/串变换以便进行数据传输；如果待传的信息是模拟信号，则先要进行模数（A/D）转换、信源编码的输出就是信息码。此外，数据扰乱、数话加密、语音和图像压缩编码等都是在信源编码器内完成。接收端信源译码则是信源编码的逆过程。本次实验信源编码采用的是第 7 章实验中所涉及的脉冲编码调制（PCM）。

信道编码的任务是提高数字信号传输的可靠性。由于移动通信存在干扰和衰落，在信号传输过程中将出现差错，故对数字信号必须采用纠、检错技术，即纠、检错编码技术，以增强数据在信道中传输时抵御各种干扰的能力，提高系统的可靠性。对要在信道中传送的数字信号进行的纠、检错编码就是信道编码。与此同时，我们也需考虑突发错误的影响，在系统设计中需有交织模块来减少信道突发错误。在本次实验中，我们利用 MATLAB 中的 matintrlv 函数进行交织，将位数据打乱，从而使一个突发的错误变成随机错误，提升纠错能力,具体做法是通过逐行填充元素的临时矩阵,然后逐列从矩阵数据中提出某些数据,得到一个新的矩阵。其交织原理的示意图如图 13 - 2 所示。

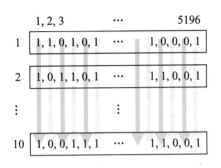

图 13 - 2　交织原理示意图

同步在数字通信中是不可缺少的部分,主要包括帧同步、位同步和载波同步。其中,位同步与载波同步在前面实验中有所涉及,这里重点介绍帧同步。数字通信中的数据流是由若干码元组成数字信息群。在通信双方进行数据流传输时,帧同步的目的是使接收端能够在接收信号序列中正确找到每一帧的起始位置,建立与发送端起止时刻相一致的定时脉冲序列。

建立帧同步的基本办法是在数字信息流中插入一些特殊码组作为每帧的头尾标记,接收端根据这些特殊码组的位置来实现帧同步。插入特殊码组实现帧同步的方法可以分为两类:一是连贯插入法,即在每帧的开头集中插入帧同步码组;另一种是间隔插入法,即同步码组分散地插入信息码流,即每隔一定数量的信息码元,插入一个同步码元。数字通信系统中通常采用连贯式插入法实现帧同步。对于分散的帧同步码插入方式,其工作原理与连贯插入方式相类似。由于连贯式插入法具有帧同步建立时间比较短、易于实现的优点,因此在数据传输中被广泛应用。在连贯插入法中,做帧同步码组用的特殊码组应该是具有尖锐单峰特性的局部自相关函数,并且要求在接收端进行同步识别时出现伪同步的概率尽可能小,同时,接收机端的同步码识别器要尽量简单。常用的帧同步码组是巴克码和 m 序列。这两种序列具有尖锐的自相关峰值,但有旁瓣,且其码长为一些固定长度。基于上述不足,本次实验系统设计采用 ZC 序列构成帧同步码。

ZC 序列,由作者 Solomon Zadoff 和 David Chu 命名,用于 LTE 中的同步和信道探测。它被广泛应用,因为它具有恒定的振幅,零循环自相关,并且不同序列之间的相关性非常低。David Chu 证明了具有以上相关特性的序列可以扩展至任意码长的序列。其生成函数为

$$x_i = \begin{cases} e^{j\frac{M\pi}{N}(k+i)^2}, & N \text{ 为奇数} \\ e^{j\frac{M\pi}{N}(k+i)(k+i+1)}, & N \text{ 为偶数} \end{cases} \qquad (13-1)$$

其中,M 为与 N 互质的整数,其相关函数为

$$|R_{xy}(p)|^2 = \begin{cases} N, & p=0 \\ 0, & p \neq 0 \end{cases} (p \text{ 为两序列相差}) \qquad (13-2)$$

由上可知,CAZAC 码,即恒包络零自相关序列其实是一类码的统称,可以减小放大器非线性的影响,提高系统同步和信道估计性能。Zadoff-chu 序列只是其中最简单的一种,

这类复数序列具有两个显著的特性：二维的序列在时域和频域上都是恒包络的，使得它抵御噪声的能力很强；该序列的自相关函数在除零点以外的其他点上几乎为零，具有良好的相位特性。

信号发射之前需要经过一个脉冲成型滤波器去除码间串扰，脉冲成型滤波器用成型脉冲即数字 1 的矩形脉冲表示，用升余弦脉冲或高斯脉冲表示，主要用于基带数据处理。在数字通信系统中，基带信号进入调制器前，波形是矩形脉冲，突变的上升沿和下降沿包含高频成分较丰富，信号的频谱一般比较宽。从本质上说，脉冲成形就是一种滤波。数字通信系统的信号都必须在一定的频带内，但是基带脉冲信号的频谱是一个 Sa 函数，在频带上是无限宽的，单个符号的脉冲将会延伸到相邻符号码元内产生码间串扰，这样就会干扰到其他信号，这是不允许的。为了消除干扰，信号在发射之前要进行脉冲成型滤波，把信号的频率约束在带内。因此，在信道带宽有限的条件下，要降低误码率，提升信道频带利用率。一般的脉冲成型是要过采样的，不然没有意义，因为成型滤波会扩展带宽，过采样是为了减少频谱混叠。常用的脉冲成型滤波器有 RC 成型（升余弦）、Gaussian 成型等。本次仿真中我们使用平方根升余弦滤波器。实验中，我们利用 rcosdesign 函数来设计平方根升余弦滤波，rcosdesign(beta, span, sps, shape) 中，函数返回一个滚降系数为 beta 的均方根升余弦函数。函数被截断为 span 个符号，并且每个符号周期有 sps 个采样点。滤波器的阶数为 span * sps，并且必须为偶数。滤波器的能量为 1。最后一个参数 shape，当 shape 设置为′sqrt′时返回均方根升余弦滤波器系数；当 shape 被设置为′normal′时，返回一个升余弦滤波器的系数。

如图 13 - 3 所示，是一个滚降系数为 0.25，符号截断数为 6，每符合采样点为 4 的滤波器。

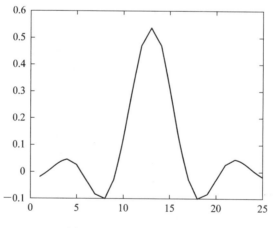

图 13 - 3　脉冲成型滤波器

在数字通信系统中，调制信号是数字基带信号，调制后的信号称为数字频带信号。有时也可不经过调制而直接传输数字基带信号，这种传输方式称作数字信号的基带传输。本次实验的调制采用 QPSK 方式。

QPSK 是最常用的一种卫星数字信号调制方式，它具有较高的频谱利用率，较强的抗干扰性，在电路上实现也较为简单。QPSK 信号的正弦载波有 4 个可能的离散相位状态，每个载波相位携带 2 个二进制符号，其信号表示式为

$$S_i(t) = A\cos(\omega_c t + \theta_i) \tag{13-3}$$

令 T_m 为四进制符号的间隔，θ_i 为正弦载波的相位，在 $0 \sim T_m$ 的间隔内，i 从 1，2，3，4 中取值，有四种可能的状态，如图 13-4 所示。

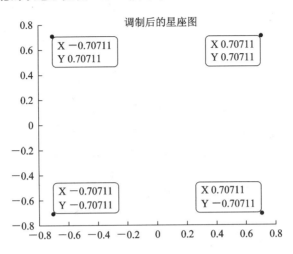

图 13-4　QPSK 调制后的散点图即星座图

QPSK 数字解调包括：模/数转换、抽取或插值、匹配滤波、时钟和载波恢复等。

在实际的解调电路中，采用的是非相干载波解调，本振信号与发射端的载波信号存在频率偏差和相位抖动，因而，解调出来的模拟 I、Q 基带信号是带有载波误差的信号。这样的模拟基带信号即使采用定时准确的时钟进行取样判决，得到的数字信号也不是原来发射端的调制信号，误差的积累将导致抽样判决后的误码率增大，因此，数字 QPSK 解调电路要对载波误差进行补偿，减少非相干载波解调带来的影响。

在接收端完成帧同步后，还需要让信号通过一个匹配滤波器，匹配滤波器是一种能最大化信号的同时，尽量减小噪声影响的线性滤波器。设计准则：设计匹配滤波器的传输函数 $H(f)$ 或者 $h(t)$，使得输出信噪比在抽样时刻 T_0 有最大值。

设匹配滤波器传输函数为 $H(\omega)$，其输入信号 $s(t)$ 的频谱函数 $S(\omega)$，输入白噪声的双边功率谱密度为 $n_0/2$，则当

$$H(\omega) = kS^*(\omega)e^{-j\omega t_0} \tag{13-4}$$

匹配滤波器在 t_0 时刻上有最大的输出信号瞬时功率与输出噪声平均功率的比值，即

$$r_{omax} = \frac{|s(t_0)^2|}{N_0} = \frac{2E}{n_0} \tag{13-5}$$

其中，$E = \int_{-\infty}^{\infty} s^2(t)\,dt = \frac{1}{2\pi}\int_{-\infty}^{\infty} |S(\omega)|^2\,d\omega$ 为输入信号的码元能量。

满足上式的 $H(\omega)$ 就是最佳线性滤波器的传输特性。由于它是输入信号频谱的复共轭，故称为匹配滤波器。

三、实验设备

1. 硬件平台

（1）XSRP 软件无线电平台一台。

（2）电脑一台。

（3）数字示波器一台。

2．软件平台

（1）XSRP 软件无线电平台集成开发软件。

（2）MATLAB 软件。

四、实验内容

本次实验均需要多次重复实验，并需进行蒙特卡洛分析。

（1）利用 Simulink 设计一个未加信道纠错码的 QPSK 通信系统仿真设计，各个模块功能参见实验原理部分，分析不同信噪比背景下对接收端信号的影响。

（2）利用 Simulink 设计一个加信道纠错码的 QPSK 通信系统仿真设计，纠错码采用 (7,4)汉明码，各个模块功能参见实验原理部分，进行误码率性能分析，并与前面未加信道编码的系统比较。

┌─────────────┐
│ **思 考 题** │
└─────────────┘

（1）思考如何设计系统，进一步降低误码率性能，理解通信系统性能指标有效性（传码率）与可靠性（误码率）的意义。

（2）理解噪声、信道对通信系统的影响。

附录　部分实验内容例程及可能用到的函数代码

例 3.2　4 级 m 序列发生器

```
%生成寄存器初值【1010】，反馈系数 Ci＝23,即【10011】
len＝15;
regBit＝[1,0,1,0];
Np＝len;                          %输出 2 个周期
out_data＝zeros(1,Np);
for n＝1:Np
    temp＝ xor(regBit(1),regBit(4));
    out_data(n)＝regBit(1);
    regBit(1)＝temp;
    regBit＝ circshift(regBit′,－1)′;    %移位寄存器整体左移 1 位(本是右移，由于 regBit 放置本
                                        是倒序，所以左移 1 位)
end
out_data
```

例 4.1　AMI 编码

```
%信源
source_data＝[1,0,1,1,0,0,1,0,1,1];
len＝length(source_data);
AMI_code_data＝zeros(1,len);

% AMI 编码
ini_data＝1;
for n＝1:len
    if source_data(n)＝＝1
        AMI_code_data(n)＝ini_data;
        ini_data＝－1 * ini_data;
    end
end
```

例 4.3　5B6B 编码

```
function [ y ] ＝ B5B6Encode(x)
m＝length(x);
n＝m/5;
s＝(reshape(x,5,n))′;             %对输入码重组，变成 n * 5 矩阵
```

```
output＝zeros(n,6);
wds＝1;
for i＝1:n
    b＝s(i,:);
    X＝bi2de(b,'left－msb');
    switch(X)
        case 0
            if wds＝＝1
                output(i,:)＝[0 1 0 1 1 1];%23
            else
                output(i,:)＝[1 0 1 0 0 0];%40
            end
            wds＝wds*(－1);
        case 1
            if wds＝＝1
                output(i,:)＝[1 0 0 1 1 1];%39
            else
                output(i,:)＝[0 1 1 0 0 0];%24
            end
            wds＝wds*(－1);
        case 2
            if wds＝＝1
                output(i,:)＝[0 1 1 0 1 1];%27
            else
                output(i,:)＝[1 0 0 1 0 0];%36
            end
            wds＝wds*(－1);
        case 3
                output(i,:)＝[0 0 0 1 1 1];%7
        case 4
            if wds＝＝1
                output(i,:)＝[1 0 1 0 1 1];%43
            else
                output(i,:)＝[0 1 0 1 0 0];%20
            end
            wds＝wds*(－1);
        case 5
            ...

        case 31
            if wds＝＝1
                output(i,:)＝[1 1 1 0 1 0];%58
            else
```

```
                output(i,:)=[0 0 0 1 0 1]; %5
            end
            wds=wds * (-1);
        otherwise  disp('encode error');
    end
end

y=reshape(output',1,6 * n);
end
```

例 5.1　带通滤波器

```
% x_bp——输出信号；
% x——输入信号；Fc——载波频率；fs——采样率；Rb——信号频率
%%%%%%%%%%%%%%%%%%%%%%%%%%%%%%%%%%%%%%%%
function [x_bp] =AM_bandpass(x,Fc,fs,Rb)
wsl=2 * pi * (Fc-1.5 * Rb)/fs；        %阻带上截止角频率
wpl=2 * pi * (Fc-1 Rb)/fs；           %通带上截止角频率
wph=2 * pi * (Fc+1 * Rb)/fs；         %通带下截止角频率
wsh=2 * pi * (Fc+1.5 * Rb)/fs；       %阻带下截止角频率
B=min((wpl-wsl),(wsh-wph))；          %最小过渡带宽度
N=ceil(11 * pi/B)；                    %滤波器阶数(根据布莱克曼窗计算的滤波器阶数)
%%计算滤波器系数
wl=(wsl+wpl)/2/pi;
wh=(wsh+wph)/2/pi;
wc=[wl,wh];                            %设置理想带通截止频率
b=fir1(N-1,wc,blackman(N));            %设置滤波器系数,采用 blackman 窗实现带通滤波

freq=fft(b);              %对 carrier 做 N 点 FFT,结果为 N 点的复值,每一个点对应一个频率点
N=length(b);

freqPixel=fs/N;                        %频率分辨率,即点与点之间频率单位
%w=-N/2:1:N/2-1;                       %频率分辨率为1,即 fs=N
w=(-N/2:1:N/2-1) * freqPixel;

b_l2 = fix(length(b)/2);
len= length(x);
x_bandpass1 = conv(x,b);%卷积
x_bp(1:len) = x_bandpass1(b_l2 : b_l2 + len -1);       %去除滤波器延时
end
```

例 5.1　低通滤波器

```
%fs——采样率
%x——输入信号；f 调制信号频率
```

```
function [ x_lowpass ] =AM_lowpass( x,fs,f)
ws=f;                              %通带截止频率
ws1=1.5 * f;                       %阻带起始频率
wt=2 * pi * ws/fs;                 %经采样后的通带截止角频率
wz=2 * pi * ws1/fs;               %阻带的起始频率
wc=(wt+wz)/2;                      %归一化后的滤波器截止频率
N=ceil(6.6 * pi/(wz−wt));          %t=(n−1)/2;
b=fir1(N−1,wc/pi,hanning(N));      %滤波器时域函数,滤波系数
b_l2 = fix(length(b)/2);
len= length(x);
x_lowpass1 = conv(x,b);
x_lowpass(1:len) = x_lowpass1(b_l2 : b_l2 + len −1);
end
```

例 6.1   抽样判决

```
function [ y ] = FSK_sample_judge( x1,x2,delta_T )
length_ori=length(x1)/delta_T;
for i=1:length_ori
    if x1((i−1) * delta_T+delta_T/2) > x2((i−1) * delta_T+delta_T/2)
        y(i)=1;
    else y(i)=0;
    end
end
end
```

例 7.1   PCM 译码

```
%outData——译码后数据
%inputData——输入编码后数据；MID_VALUE——量化间隔；
%MIN_VALUE——量化最小值
function [outData] =PCMdecode(inputData,MID_VALUE,MIN_VALUE)
n=length(inputData);
outData=zeros(1,n/3);
MM=zeros(1,3);
for kk=1:n/3
    MM(1:3)=inputData(1,kk * 3−2:kk * 3);        %取得 3 位 PCM 码
    temp=bin2dec(num2str(MM));               %将 PCM 码的二进制转化为十进制量化区间
    temp=temp. * MID_VALUE+MIN_VALUE+MID_VALUE/2;
                %译码数据=十进制量化区间 * 量化间隔+量化最小值+量化间隔/2
        outData(1,kk)=temp;
end
end
```

例 8　A 律压缩

```
%y——压缩后归一化输出数据
%x——压缩后归一化输入数据;a——常数,决定压缩程度
function y=a_pcm(x,a)                %A 律非均匀量化的算法程序
t=1/a;
%对数压缩
for i=1:length(x)
    if x(i)>=0
        if (x(i)<=t);
           y(i)=(a*x(i))/(1+log(a));
        else y(i)=(1+log(a*x(i)))/(1+log(a));

        end
    else
        if (x(i)>=-t);
           y(i)=-(a*-x(i))/(1+log(a));
        else y(i)=-(1+log(a*-x(i)))/(1+log(a));
        end
    end
```

例 9　GMSK 调制与解调

```
%%调制
function [sourceBit_s, ak_s, bk_s, pk_s, qk_s, pk_qk_s, pkCos_qkSin, IQ_gf,gmsk1,gmsk2,gmsk,
gmsk_bp ] = GMSK_Modulation( sourceBit,Fc,sample_num,t,Rb)
len=length(sourceBit);
%%1 单极性变为双极性
ak=sourceBit*2-1;
%%2 差分编码
bk_ini=1; %差分编码初始值
bk=zeros(1,len);
for nn=1:len
  bk(nn)=ak(nn)*bk_ini;
  bk_ini=bk(nn);
end
%%3 串/并转换
pk=zeros(1,len);
qk=zeros(1,len);
pk(1,1)=bk(1,1);
pk(1,2:2:end)=bk(1,2:2:end);
pk(1,3:2:end)=bk(1,2:2:end-1);
```

```
qk(1,1:2:end)=bk(1,1:2:end);
qk(1,2:2:end)=bk(1,1:2:end-1);


%%% 4 过采样
ak_s=zeros(1,len * sample_num);
bk_s=zeros(1,len * sample_num);
pk_s=zeros(1,len * sample_num);
qk_s=zeros(1,len * sample_num);
sourceBit_s=zeros(1,len * sample_num);
for n=1:len
    sourceBit_s(1,(n-1) * sample_num+1:n * sample_num)=sourceBit(n);
    ak_s(1,(n-1) * sample_num+1:n * sample_num)=ak(n);
    bk_s(1,(n-1) * sample_num+1:n * sample_num)=bk(n);
    pk_s(1,(n-1) * sample_num+1:n * sample_num)=pk(n);
    qk_s(1,(n-1) * sample_num+1:n * sample_num)=qk(n);
end
pk_qk_s=pk_s+qk_s * i;
%%% 5 乘加权系数
tb=t(2) * sample_num;              %码元宽度为 dt * sample_num
pkCos=pk_s. * cos(pi * t/(2 * tb));
qkSin=qk_s. * sin(pi * t/(2 * tb));
pkCos_qkSin=pkCos+qkSin * i;


%%%6 经过高斯平滑滤波器
bt=0.25;
h1=gaussfir(bt,4,16);
pkCos_gf=conv(h1,pkCos);
qkSin_gf=conv(h1,qkSin);
len_p=fix(length(h1)/2);
I_gf=pkCos_gf(len_p:len_p+length(pkCos)-1);
Q_gf=qkSin_gf(len_p:len_p+length(pkCos)-1);
IQ_gf=I_gf+Q_gf * i;


%%% 7 载波调制
wc=2 * pi * Fc;
y1=cos(wc * t);                    %载波 1
y2=-sin(wc * t);                   %载波 2
gmsk1=I_gf. * y1;
gmsk2=Q_gf. * y2;
gmsk=gmsk1+gmsk2;                  %已调波形
```

```
%%%8经过带通滤波器
fs＝1/t(2)；
[ gmsk_bp ]＝GMSK_bandpass( gmsk,Fc,fs,Rb )；
end


%%%解调
function [gmsk_cos_sin,IQ_lowpass, IQ_pk_qk , judgePQ, serPQ_s,demodBit1_s,demodBit_s,de-
modBit ]＝GMSK_Demodulation( gmsk_bp,Fc,t,sample_num,Rb )


len＝length(gmsk_bp)/sample_num；
tb＝t(2) * sample_num；              %码元宽度为 dt * sample_num
len_gmsk＝length(gmsk_bp)；        %总采样点数
fs＝1/t(2)；
%%%1乘法器(相干载波提取(分别乘以两个正交的相干载波))
wc＝2 * pi * Fc；
y1＝cos(wc * t)；
y2＝−sin(wc * t)；
gmsk_cos＝gmsk_bp. * y1；
gmsk_sin＝gmsk_bp. * y2；
gmsk_cos_sin＝gmsk_cos＋i * gmsk_sin；


%%% 2 低通滤波

[ I_lowpass ]＝GMSK_lowpass( gmsk_cos,fs,Rb )；
[ Q_lowpass ]＝GMSK_lowpass( gmsk_sin,fs,Rb )；
IQ_lowpass＝I_lowpass＋i * Q_lowpass；


%%% 3 乘法器(提取 p,q)
I_pk＝I_lowpass. * cos(pi * t/(2 * tb))；
Q_qk＝Q_lowpass. * sin(pi * t/(2 * tb))；
IQ_pk_qk＝I_pk＋i * Q_qk；


%%%4 积分判决
%积分(对每个码元的采样点求和)
integralP＝zeros(1,len)；
integralQ＝zeros(1,len)；
for nn＝1:len
    integralP(1,nn)＝sum(I_pk(1,(nn−1) * sample_num＋1:nn * sample_num))；
    integralQ(1,nn)＝sum(Q_qk(1,(nn−1) * sample_num＋1:nn * sample_num))；
end
```

```matlab
%%判决，大于零为1，小于零为-1
judgeP=zeros(1,len);
judgeQ=zeros(1,len);
for nn=1:len
    if integralP(1,nn)>=0
        judgeP(nn)=1;
    else judgeP(nn)=-1;
    end
    if integralQ(1,nn)>=0
        judgeQ(nn)=1;
    else judgeQ(nn)=-1;
    end
end


%% 5 并/串转换
serPQ=zeros(1,len);
serPQ(1,2:2:end)=judgeP(1,2:2:end);
serPQ(1,1:2:end)=judgeQ(1,1:2:end);


%% 6 差分译码
bk_ini=1;%和调制端一致
demodBit1=zeros(1,len);
serPQ=[bk_ini,serPQ];
for nn=1:len
    demodBit1(nn)=serPQ(1,nn)*serPQ(1,nn+1);
end


demodBit=(demodBit1+1)/2;        %码型变换
%%7 过采样(为显示)
judgeP_s=zeros(1,len*sample_num);
judgeQ_s=zeros(1,len*sample_num);
serPQ_s=zeros(1,len*sample_num);
demodBit1_s=zeros(1,len*sample_num);
demodBit_s=zeros(1,len*sample_num);


for n=1:len
    judgeP_s(1,(n-1)*sample_num+1:n*sample_num)=judgeP(n);
    judgeQ_s(1,(n-1)*sample_num+1:n*sample_num)=judgeQ(n);
    serPQ_s(1,(n-1)*sample_num+1:n*sample_num)=serPQ(n);
    demodBit1_s(1,(n-1)*sample_num+1:n*sample_num)=demodBit1(n);
    demodBit_s(1,(n-1)*sample_num+1:n*sample_num)=demodBit(n);
```

```
end

judgePQ=judgeP_s+judgeQ_s * i;

end
```

例 10　QAM

```
nsymbol=100000;                %表示一共有多少个符号,这里定义 100000 个符号
M=16;                          %M 表示 QAM 调制的阶数,表示 16QAM,16QAM 采用格雷映射
                               %(所有星座点图均采用格雷映射)
N=64;
graycode=[0 1 3 2 4 5 7 6 12 13 15 14 8 9 11 10];            %格雷映射编码规则
graycode1=[0 1 3 2 6 7 5 4 8 9 11 10 14 15 13 12 24 25 27 26 30 31 29 28 16 17 19 18 22 23 21 20 48
49 51 50 54 55 53 52 56 57 59 58 62 63 61 60 40 41 43 42 46 47 45 44 32 33 35 34 38 39 37 36];
                               %格雷映射十进制的表示
EsN0=5:20;                     %信噪比范围
snr1=10.^(EsN0/10);            %将 db 转换为线性值
msg=randi([0,M-1],1,nsymbol);          %0 到 15 之间随机产生一个数,数的个数为:1 乘 nsymbol,
                               %得到原始数据
msg1=graycode(msg+1);          %对数据进行格雷映射
msgmod=qammod(msg1,M);         %调用 matlab 中的 qammod 函数,16QAM 调制方式的调用(输
                               %入 0 到 15 的数,M 表示 QAM 调制的阶数)得到调制后符号

scatterplot(msgmod);           %调用 matlab 中的 scatterplot 函数,画星座点图
spow=norm(msgmod).^2/nsymbol;          %取 a+bj 的模.^2 得到功率除整个符号得到每个符号的
                               %平均功率
%64QAM
nsg=randi([0,N-1],1,nsymbol);
nsg1=graycode1(nsg+1);
nsgmod=qammod(nsg1,N);
scatterplot(nsgmod);                   %调用 matlab 中的 scatterplot 函数,画星座点图
spow1=norm(nsgmod).^2/nsymbol;

for i=1:length(EsN0)
    sigma=sqrt(spow/(2 * snr1(i)));       %16QAM 根据符号功率求出噪声的功率
    sigma1=sqrt(spow1/(2 * snr1(i)));     %64QAM 根据符号功率求出噪声的功率
    rx=msgmod+sigma * (randn(1,length(msgmod))+1i * randn(1,length(msgmod)));
                               %16QAM 混入高斯加性白噪声
    rx1=nsgmod+sigma * (randn(1,length(nsgmod))+1i * randn(1,length(nsgmod)));
                               %64QAM 混入高斯加性白噪声
    y=qamdemod(rx,M);          %16QAM 的解调
```

```
    y1=qamdemod(rx1,N);          %64QAM 的解调
    decmsg=graycode(y+1);            %16QAM 接收端格雷逆映射，返回译码出来的信息，十进制
    decnsg=graycode1(y1+1);      %64QAM 接收端格雷逆映射
    [err1,ber(i)]=biterr(msg,decmsg,log2(M));
%一个符号四个比特，比较发送端信号 msg 和解调信号 decmsg 转换为二进制，ber(i)错误的比特率
    [err2,ser(i)]=symerr(msg,decmsg);   %16QAM 求实际误码率
    [err1,ber1(i)]=biterr(nsg,decnsg,log2(N));
    [err2,ser1(i)]=symerr(nsg,decnsg);   %64QAM 求实际误码率
end
```

例 11   差错控制码

```
%%1 循环码编码
%数据源
dataBit=randi([0,1],1,len);          %数据源
Gx=[1,1,0,1];                        %生成多项式
reg=zeros(1,4);
cycle_data = zeros(1,7);             %7 为编码后的数据长度
cycle_data = [dataBit ,0,0,0];       %信息码后附加 3 个 0


%监督位
for k=1:7
    reg(1,1:3)=reg(1,2:4);          % reg 为 4 位移位寄存器，循环移位，前 3 位为上一次移位的后
                                    %3 位数据
    reg(1,4)=cycle_data(k);         %第四位为循环码当前值
    if reg(1)~=0                    %第一位不为 0 时进行模二除法，除以生成多项式 Gx
        reg=xor(reg,Gx);           %取四位与 Gx 异或
    end
end
ceeckBit = reg(2:4);                %余式为监督位


%循环码
encodeData = [dataBit,ceeckBit];   %循环码=信息位+监督位


%%2 汉明码编码
dataBit=randi([0,1],1,len);


%信息位
checkBit=zeros(1,3);
a6=dataBit(1,1);
a5=dataBit(1,2);
a4=dataBit(1,3);
```

```
a3＝dataBit(1,4);
%监督位
a0＝xor(xor(a6,a4),a3);
a1＝xor(xor(a6,a5),a3);
a2＝xor(xor(a6,a5),a4);
checkBit＝[a2,a1,a0];%监督位

%汉明码
encodeData(1,:)＝[dataBit(1,:),checkBit];　%将信息位和监督位串行拼接

%%3 CRC 校验
%数据源
sourceBit＝[1,0,1,1,0,1,0,1,1,0];
%加 8 位 CRC 编码
crc_num＝8;
input_num = length(sourceBit);
out_data = zeros(1, input_num＋crc_num);
crcBit = zeros(1, crc_num);
regOut = zeros(1, crc_num);
for num = 1:input_num;
    regOut = crcBit;            %shift bits
    crcBit(8)  = xor(regOut(7), xor(regOut(8), sourceBit(num)));
    crcBit(7)  = regOut(6);
    crcBit(6)  = regOut(5);
    crcBit(5)  = xor(regOut(4), xor(regOut(8), sourceBit(num)));
    crcBit(4)  = xor(regOut(3), xor(regOut(8), sourceBit(num)));
    crcBit(3)  = regOut(2);
    crcBit(2)  = xor(regOut(1), xor(regOut(8), sourceBit(num)));
    crcBit(1)  = xor(regOut(8), sourceBit(num));
end
out_data(1, 1:input_num) = sourceBit(1, 1:input_num);
out_data(1, input_num＋1:input_num＋crc_num) = crcBit
```

例 12　OFDM 通信系统

```
subc_num＝200;           %子载波数
symbol_num＝4;           %每子载波含符号数
bits_per_symbol＝4;       %每符号含比特数,16QAM 调制
IFFT_length＝ 512;        %IFFT 点数
NumCP＝128 ;             %每一个 OFDM 符号添加的循环前缀长度
SNR＝15;                 %信噪比 dB

%＝信号产生
```

```
binary_data_length = subc_num * symbol_num * bits_per_symbol;      %所输入的比特数目
data=round(rand(1,binary_data_length));         %待调制的二进制比特流

%16QAM 调制
complex_qam_data=QAM16(data);               %列向量
Para_qam_data=reshape(complex_qam_data.',subc_num,symbol_num);%串/并转换

%生成共轭信号,合成原始频率信号
Para_qam_data2=conj(Para_qam_data);            %生成共轭信号
IFFT_modulation=zeros(IFFT_length,symbol_num);%添 0 组成 IFFT_length 进行 IFFT 运算
mid=floor(IFFT_length/2);               %分段节点(频率中点)

%构造共轭对称信号,使 IFFT 变换后的数据为实数,可以直接加载在载波上发送
IFFT_modulation(mid-subc_num+1,:)=real(Para_qam_data(1,:));   %实数
IFFT_modulation(mid+1,:)=imag(Para_qam_data(1,:));        %实数
IFFT_modulation(mid-subc_num+2:mid,:)=Para_qam_data(2:subc_num,:);
IFFT_modulation(mid+2:mid+subc_num,:)=flipdim(Para_qam_data2(2:subc_num,:),1);
%IFFT
data_after_ifft=ifft(IFFT_modulation,IFFT_length,1);
time_wave = data_after_ifft;        %时域波形矩阵,行为每载波所含符号数,列为 ITTF 点数即子
                                    %载波数,每一列即为一个 OFDM 符号

%添加循环前缀
Prefix=zeros(IFFT_length+NumCP,symbol_num);
Prefix=[time_wave(IFFT_length-NumCP+1:IFFT_length,:);time_wave];

%并/串变换,生成发送信号
sent_data=zeros(1,symbol_num * (IFFT_length+NumCP));
sent_data=reshape(Prefix,1,symbol_num * (IFFT_length+NumCP));

%发送信号频谱
division = 5;%分 5 段
segment=length(sent_data)/division;%每段长度
for i=0:division-1
    spectrum(i+1,:)=abs(fft(sent_data(segment * i+1:segment * (i+1))));   %分段求频谱
end
average_spectrum=sum(spectrum);
average_spectrum_log=20 * log10(average_spectrum);
w=linspace(-0.5,0.5,segment);

%加噪
Transmit_power = var(sent_data);%发送信号功率
```

```
linear_SNR＝10^(SNR/10);          %线性信噪比
noise_power＝Transmit_power/linear_SNR;
noise_amplitude ＝ sqrt(noise_power);          %标准差(幅度)
noise＝noise_amplitude * randn(1,length(sent_data));          %产生正态分布噪声序列
%noise＝wgn(1,length(sent_data),noise_amplitude,'complex');   %产生复 GAUSS 白噪声信号
receive_data＝sent_data＋noise;                    %接收到的信号加噪声


%接收信号,串/并变换,去循环前缀
Para_receive_data＝zeros(symbol_num,IFFT_length＋NumCP);
Para_receive_data ＝ reshape(receive_data,IFFT_length＋NumCP,symbol_num);  %串/并变换
noCP_data＝Para_receive_data(NumCP｜1:IFFT_length＋NumCP,:);
                         %去除循环前缀后的有用信号


%FFT
qam16_data1＝fft(noCP_data,IFFT_length,1);%FFT 变换实现 OFDM 解调
subplot(2,1,2);
stem(0:length(qam16_data1)-1,abs(qam16_data1(:,1)),'*r');
axis([0 IFFT_length-1 -0.5 4.5]);
ylabel('频率分量大小');
xlabel('频点');
title('接收第一个 OFDM 符号的频谱');


first_subc＝complex(real(qam16_data1(mid-subc_num+1,:)),real(qam16_data1(mid+1,:)));
qam16_data＝[first_subc;qam16_data1(mid-subc_num+2:mid,:)];  %除去 IFFT/FFT 变换添加
                                                %的 0,选出映射的子载波
Rs_phase ＝angle(qam16_data);          %接收信号的相位
Rs_amp ＝ abs(qam16_data);             %接收信号的幅度


%16QAM 解调
Rs_serial_qam16 ＝ reshape(qam16_data,1,subc_num * symbol_num);
Rs_decoded_binary＝decodeqam16(Rs_serial_qam16);


%误码率计算
figure(7);
stem(0:binary_data_length-1,data(1:binary_data_length),'og');
bit_err_num＝0;


for i＝1:binary_data_length
    hold on
    if Rs_decoded_binary(i) ～＝data(i)
        bit_err_num＝bit_err_num＋1;
        stem(i-1,Rs_decoded_binary(i),'*r');
```

```
        end
end
ber= bit_err_num/binary_data_length;
```

例 13   QPSK 通信系统

```
%信道编码(交织)
bitData_scramble = matintrlv(bitData,10 * nCode,nBytes/10);
%映射为 QPSK 符号
symData = QPSKMap(bitData_scramble);
%添加训练符号
symData = [ones(1, 100), symData];
% 4.调制
modData = pskmod(symData, 4, pi/4);
scatter(real(modData),imag(modData));
% 5.利用 zc 序列生成同步头
onePreData = CreatZC(500);
preData = repmat(onePreData, 1, 2);
preLength = length(preData);
% 6.添加导频纠正相偏
totalData = modData;
% 7.设置发射滤波器,也就是脉冲成型滤波器
irfn = 8;                %滤波器截断的码元范围
ipoint = fs/sr;          %每个码元范围内采样的点数 20
alfa = 0.5;              %由此可以得出带宽是 10e3 * (1.5) = 15e3;
sendFilter = rcosdesign(alfa, irfn, ipoint, 'sqrt');
delay = irfn * ipoint / 2;
upData = upsample(totalData, ipoint);   %进行上采样才能得到正确结果
toSend = conv(upData, sendFilter,'same');
```

参 考 文 献

[1] ZIEMER，TRANTER R E，WILLIAM H . Principles of Communications[M]. John Wiley & Sons，2010.

[2] COX C. Digital Wireless Communications[M]. John Wiley & Sons，Ltd,2012.

[3] LIN S，COSTELLO D J. Error Control Coding[M]. Prentice-Hall，2004.

[4] 王兴亮，寇宝明. 数字通信原理与技术[M]. 西安：西安电子科技大学出版社,2009.

[5] PINTO F，FREITAS V. Fundamentals of Electronic Communication Systems[M]. Nova Science Publishers，1994.

[6] FITZ M. Fundamentals of Communications Systems[M]. McGraw-Hill，2015.

[7] 樊昌信. 通信原理教程[M]. 北京：电子工业出版社，2012.

[8] 张辉，曹丽娜. 现代通信原理与技术[M]. 西安：西安电子科技大学出版社，2008.

[9] 楼才义，徐建良，杨小牛. 软件无线电原理与应用[M]. 北京：电子工业出版社，2014.

[10] 阎毅，贺鹏飞. 软件无线电与认知无线电概论[M]. 北京：电子工业出版社，2013.

[11] 佟学俭. OFDM 移动通信技术原理与应用[M]. 北京：人民邮电出版社，2003.

[12] 范莉花. OFDM 移动通信技术原理与应用分析[J]. 无线互联科技，2019，16(3)：5-6.

[13] 郭以成. 基于 OFDM 的 QAM 调制下的信道均衡研究[D]. 哈尔滨：哈尔滨工程大学，2013.

[14] 陈秋良，何海浪. QPSK 调制解调通信系统仿真实现[J]. 数字技术与应用，2009(11)：13-14.

[15] 张天瑜. OFDM 系统研究及其 Simulink 仿真[J]. 长春工业大学学报（自然科学版），2008，29(6)：699-704.

[16] 严春林，李少谦，唐友喜，等. 利用 CAZAC 序列的 OFDM 频率同步方法[J]. 电子与信息学报，2006，28(1)：139-142.

[17] 冉元进. 基于 16QAM 的宽带可变速率调制解调器研究与实现[D]. 成都：电子科技大学，2013.

[18] 李安，杨建文，王玉皞，等. XSRP 平台的 TD-LTE 物理层协议实验设计[J]. 实验室研究与探索，2023，42(6)：51-55.

[19] 周贤伟，李红明，覃伯平. 基于软件无线电的 GMSK 调制解调器的实现[J]. 微型机与应用，2005，24(12)：25-27.

[20] 陈淑融，王勇. GMSK 调制及其在软件无线电上的应用[J]. 电子测试，2010(5)：81-85.

［21］ 谢印庆. 软件无线电中 GMSK 与 QPSK 调制解调及其 TMS320C6711DSP 实现的研究［D］. 太原：太原理工大学，2006.

［22］ 李鹏. 基于软件无线电的 16-QAM 调制解调的研究［D］. 天津：天津大学，2008.

［23］ 罗骥. Turbo 空时码在 MIMO 无线通信系统中的应用研究［D］. 济南：山东大学，2005.